발효와 자연을 먹는다!

산야초
장아찌와 샐러드
만들기

이영순 · 정광열 · 김미림 공저

예신 Books

머리말

봄이면 찔레순과 풀피리, 산딸기, 가을이면 청미래덩굴열매와 까마중을 따먹으면서 등하교 하던 시절에 산야초는 먹을거리가 부족했던 우리에게 훌륭한 간식거리였다. 또한 사방이 산과 들로 둘러싸인 우리집 밥상에는 달래, 냉이, 쑥, 고사리, 화살나물, 취나물, 원추리, 질경이 등 다양한 산야초로 만든 음식이 단골 반찬이었다.

고향이 산촌이라 어렸을 때부터 자연스럽게 산야초를 많이 접한 결과, 지금의 산야초는 나에게 아주 익숙한 식재료들로 자연과 친숙한 요리를 만들도록 유도하는 매개체가 되었고, 산야초를 이용한 자연 요리, 장아찌, 샐러드, 발효 효소, 발효 요리(간장, 된장, 고추장) 등 다양한 부분에 걸쳐 연구할 수 있는 동기를 부여해 주었다.

지언이 기름이지 영양분이 되어 지라난 산야초는 우리의 몸을 자연에 가까운 상태로 만들어 주는 정수기 역할을 하는 중요한 식재료인 것 같다. 요리를 한 지 꽤 오랜 세월이 흘렀지만, 정작 가까운 곳에 있는 식재료인 산야초의 소중함을 잊고 있었다. 그 사실을 깨달은 순간, 내가 보아 왔고, 접해 왔고, 먹어 왔던 산야초를 많은 사람들에게 알려주기 위해 이 책을 쓰게 되었다.

이 책은 산야초를 처음 접했을 때 어떻게 요리를 해야 할지 모르는 이들을 위해 산야초의 특징, 효능, 이용 부위, 채취 시기, 약선, 식용법, 유의할 점 등을 상세하게 수록하여 식재료에 대한 충분한 이해를 바탕으로 요리를 할 수 있도록 하였다. 산야초를 우리들의 식생활에 다양하게 이용할 수 있는 요리법을 자세히 소개함으로써 초보자도 쉽게 산야초 요리에 도전할 수 있도록 하였다.

이 책을 발간하기 위하여 도와주신 도서출판 예신 사장님과 편집부 직원들께 감사를 드리며, 이형환 씨, 사진작가 윤길현 님, 제자 권경미, 변영란에게도 감사의 마음을 전한다.

저자 씀

3

contents

part 2 산야초
샐러드

장아찌란 '장과'라고도 하는데, 제철에 나는 채소를 된장이나 간장, 막장, 고추장 속에 넣었다가 삭혀 먹는 저장 음식을 말한다. 채소뿐만 아니라 육류나 어류도 살짝 익혀 된장이나 막장 속에 넣기도 한다. 여러 달 후 장 속에서 맛이 든 것을 꺼내 그대로 먹기도 하지만 대개는 참기름을 비롯한 갖은 양념을 해서 무쳐 먹는다. 이와 달리 불에 익혀 곧바로 먹는 것을 '숙장과' 또는 '갑장과'라고 한다.

장아찌는 '장아'라는 한자어와 김치를 뜻하는 '지'가 더해져 생긴 말이다. 옛 문헌을 살펴보면, 장아찌는 다음과 같이 다양한 경우를 지칭하고 있다.

① 채소를 절이거나 햇볕에 말려서 간장 등에 담갔다가 양념을 해서 먹는 저장용 반찬

② 채소를 소금에 잠깐 절인 뒤 간장을 붓고 양념을 해서 먹는 반찬

③ 식품에 간장을 치고 조려서 고명을 한 반찬

④ 채소를 소금에 잠깐 절이거나 햇볕에 말려서 쇠고기와 함께 볶아서 양념한 반찬 등

🌱 장아찌의 종류

우리 조상들은 옛날부터 우리나라의 산과 들에 지천으로 피어나는 산야초를 뜯어서 각종 나물로 무쳐 먹고, 말리거나 절여서 채소가 귀한 겨울철에 양념해 먹을 줄 알았다. 전통 음식 연구가들에 따르면, 산야초 이름만큼이나 많은 장아찌를 만들어 먹었으며, 장아찌의 종류는 무려 200가지는 넘는다고 한다.

장아찌를 만드는 과정에서 발생하는 문제점

　장아찌를 만드는 데는 재료의 수분을 제거하는 전처리 과정과 맛을 배게 하는 침지 과정이 있다. 전처리 과정에는 소금물에 절이는 방법, 햇볕에 말리는 방법이 있고, 침지 과정에서 재료로는 된장, 고추장, 간장 순으로 많이 이용해 왔다.

　문제는 소금물과 된장 모두 염분이 과할 수 있다는 것이다. 소금물에 절이지 않고 수분을 제거할 수 있는 여러 가지 전처리 방식을 연구해서 보급할 필요가 있다.

 ## 맛있는 장아찌 만드는 조건

① 장에 절이는 기간 : 15.5 ~ 19일
② 된장액의 농도 :　55 ~ 66%
③ 절임 온도 : 5 ~ 7.5℃
④ 소금물의 염도 : 5 ~ 7%(그냥 먹기에 적당한 농도)

- 장기간 저장을 해야 할 때는 부패 미생물을 방지하기 위해 최소한 10%의 염도를 유지하거나 소금물에 30분 절인 후 약간 건조해서 사용한다.

 ## 장아찌를 맛있게 만드는 방법

① 수분을 없애야 한다.

　소금에 절여서 물기를 빼준다. 고추장이나 된장에 박을 때도 재료의 수분을 조심해야 한다. 절임 채소를 고추장에 박을 때는 반드시 고추장을 따로 덜어내어 쓰는 것이 좋다.

② 간장물은 반드시 끓여서 붓는다.

　간장물은 꼭 끓여서 붓는데, 끓인 간장물을 또 여러 차례 부어 주는 것은 오래 저장하기 위해서이다.

③ 맛에도 비밀이 있다.

　오이 장아찌를 만들 때는 반드시 간수를 빼지 않은 천일염을 써야 한다. 꽃소금을 사용하면 아삭거리지 않고 물컹거리게 되기 쉽다. 또 식초를 탄 간장물이나 소금물을 펄펄 끓인 후 뜨거울 때 바로 부어 주어야만 오이가 아삭아삭한 맛이 난다. 잎이 연한 깻잎 같은 장아찌를 만들 때는 간장을 반드시 얇게 희석시켜서 써야 한다.

④ 식초의 다양한 효능을 잘 이용한다.

산성 식품을 많이 먹는 현대인의 체질이 산성화되는 것을 막아주며 체내 노폐물을 제거하고 세포를 깨끗하게 해 주는 효과도 있다.

종류에 따른 장아찌 담그는 방법

① 간장으로 담그는 장아찌

간장에 담그는 장아찌는 간장의 짠맛을 희석해서 담가야 한다. 진간장, 설탕과 식초를 넣어 한소끔 끓인다.

② 고추장으로 담그는 장아찌

고추장 장아찌를 담글 때는 재료를 미리 소금물에 절여 햇볕에 말려서 수분을 충분히 빼야 한다.

③ 된장으로 담그는 장아찌

된장 장아찌는 짠맛이 강하므로 먹을 때는 된장을 완전히 걷어 내고 송송 썰어서 양념하거나 너무 짤 경우에는 물에 담가 짠맛을 뺀 후 양념을 넣고 무치면 맛이 있다.

④ 소금으로 담그는 장아찌

소금을 활용한 장아찌는 재료 위에 소금을 직접 뿌리거나, 끓인 소금물로 절이거나, 소금물에 데쳐서 사용하기도 한다.

⑤ 술지게미로 담는 장아찌

술지게미(부박)에 넣어 만든 장아찌로, 울외장아찌, 참외장아찌 등이 있다.

샐러드

샐러드라 하면 서양식 요리를 떠올리지만 산야초를 이용하여 한식 레시피로 시도를 해보았다. 샐러드는 익히거나 생으로 차게 해서 먹는 것으로 소스나 드레싱을 곁들이면 맛이 좋아지는데, 식초나 레몬, 산야초 효소 등에 다양한 재료를 넣어 산야초의 향과 맛을 살리면서 샐러드를 즐길 수 있다.

산야초는 산과 들에서 자연의 이치에 의해 공기와 물, 햇볕에 의해 우리의 식탁에 올라 왔었다. 이런 산야초는 사회가 산업화되면서 마트나 시장의 식품을 이용하다 보니 산야초를 보아도 식품 대한 지식이 없어 그냥 풀로 지나친다. 몇몇 식품은 재배되어 쉽게 접할 수 있지만 그런 식품을 제외하고는 산야초를 이용할 줄 모른다. 하지만 산야초의 효능들이 알려지면서 다양한 식용법으로 점점 우리 식탁에 이용되고 있다. 식생활이 시구화되면서 딘백길과 지방의 섭취기 많아지고 무기질과 비타민의 섭취가 부족한 상태인데, 산야초 샐러드를 먹으면 우리 몸에 부족한 영양소를 보완할 수 있다.

또한 샐러드는 요리의 다양한 변형을 가져와 한끼 식사로도 손색이 없을 정도이다.

🌱 산야초 샐러드를 맛있게 만드는 법

① 물에 너무 오래 담가두지 않는다. 너무 오래 물에 담가두면 채소에 들어 있는 수용성 영양소들이 물속에 녹아들고 특유의 향과 맛이 사라지게 된다.

② 절여야 하는 채소는 먼저 절여서 겉소금과 물기를 제거한다.

③ 익히거나 데쳐야 하는 채소들은 미리 손질해서 온기를 없앤다.

④ 조직이 단단한 채소는 드레싱으로 먼저 밑간한다. 고구마, 감자, 단호박 같은 재료는 조직이 단단하여 간이 서서히 배어들게 된다.

⑤ 잎채소를 데칠 때는 넉넉한 물에 단시간 동안 데친다.

⑥ 육류는 핏물을 제거하고 밑간한다.

⑦ 데치기, 볶기, 굽기, 튀기기, 조리기 등의 다양한 조리법을 사용하여 다채로운 변화를 주면 색다른 느낌으로 산야초 샐러드를 먹을 수 있다.

⑧ 향이 강한 채소에는 해산물이나 육류와 함께하고, 맛과 향이 밋밋한 채소에는 누린내가 덜한 가금류를 곁들이는 것이 좋다.

⑨ 채소는 물기를 충분히 제거해야 소스와 버무릴 때 소스가 싱겁게 되지 않아 제맛이 난다.

⑩ 육류를 제외한 모든 샐러드는 먹기 직전에 드레싱에 버무려야 채소가 싱싱하게 살아 있다.

⑪ 가능하면 식초를 조금 사용해야 채소 고유의 푸른 색을 유지할 수 있다.

⑫ 시들시들한 채소는 설탕과 식초를 섞은 물에 10~15분간 담가두면 싱싱함이 되살아난다.

산야초 샐러드 소스 맛있게 만들기

① 소금이나 설탕이 녹은 뒤 마지막에 오일을 넣는다.

② 향을 내는 채소나 과일이 들어간 경우에는 간장이나 소금을 조금 더 넣는다.

③ 과일로 소스를 만들 경우 믹서에 갈고 나서 다시 한 번 더 간을 맞춘다.

④ 채소 중심의 샐러드는 소스를 조금 넉넉하게 준비한다.

⑤ 고추장이나 된장, 국간장, 고춧가루와 같은 한식 양념으로 다양한 소스를 만들어 본다.

⑥ 레몬 껍질, 오렌지 껍질, 향이 강한 산야초잎을 다양하게 활용한다.

산야초 발효 효소 이용법

(1) 산야초 발효 효소 담그기

① 물기를 뺀 재료를 황설탕에 버무린다.(여름에는 너무 많이 젓지 말아야 하며, 겨울에는 충분히 저어 주어야 한다.)

② 설탕의 비율은 1:1로 한다.(식물의 특성에 따라 조정 － 과일의 경우 여름에는 과일 1kg에 설탕 1.2~1.3kg 정도, 겨울에는 과일 1kg에 설탕1kg 정도)

③ 잘 버무린 재료를 항아리 바닥에 설탕을 뿌리고 차곡차곡 넣어 눌러 준 후 제일 위에 설탕을 뿌리고 넙적한 돌멩이를 올려 놓는다.

④ 항아리 입구를 한지로 밀봉한다.

⑤ 수분이 많은 약초 뿌리는 1:1~1.5로 설탕을 늘린다.

⑥ 발효시킬 때는 거즈로 덮고 뚜껑을 닫아 발효시키는데, 발효 중간중간 뚜껑을 열어 가스를 날린다.

⑦ 거품이 올라오면 발효가 시작되고, 가스가 나와 건더기가 올라왔다가 내려 간 흔적이 있으면 건더기 재료를 건지는 시기이다.

- 백초 발효 효소 담그는 법
  100여 가지(즉, 많은 산야초)의 재료를 한 용기에 담아 발효시킨다. 각각의 다양한 재료들을 따로 발효시킨 후 한곳으로 모아 섞는다.

(2) 발효 기간

① 1차 발효 기간

- 꽃 : 60일 정도면 발효된다(꽃은 잎이나 열매보다 1차 발효 기간이 짧다).
- 새순 : 100일 정도면 발효된다.
- 열매나 뿌리 : 재료에 따라서 2~6개월이며, 단, 섬유질이 많고 단단한 뿌리는 1년 정도 발효해야 된다. 일반적인 재료는 상온 17℃에서 100일이 적당하다.

② 2차 발효 기간

1차 발효 후 맑게 걸러낸 효소는 최소한 6개월~1년 이상 서늘한 곳에 발효, 숙성, 보관하면서 사용한다.

발효가 되었는지 확인하는 방법

- 거품이 생기기 시작한다.
- 가스가 나오기 시작한다.
- 건더기가 올라왔다가 내려간 흔적이 있다.
- 맛과 향이 좋을 때이다(재료 자체의 향과 맛이 살아 있는 상태).

식재료로 자주 사용하는 산야초

고들빼기
위장을 튼튼하게 하고 불면증을 해소시키며, 오줌이 잘 나오게 한다.

담쟁이덩굴
각종 관절염이나 근육통, 골절로 인한 통증 등에 유용하며, 남성들의 가래, 기침에 도움이 되며 밥맛을 좋게 하기도 한다.

괭이밥
전초를 이뇨제, 식욕촉진제로 사용하고 피를 맑게 하고 물질대사 장애로 인한 피부병에 쓰며, 구충제, 월경주기 조절제로 활용한다.

망초
열을 내리고 독을 없애는 효과가 뛰어나 소화 불량이나 위장염, 장염으로 인한 설사, 전염성 간염, 림프절염, 혈뇨 등에 사용해 왔다.

비름
이뇨, 설사를 가라앉히고, 피부병, 눈병, 종기에 좋다. 또한 뿌리는 해열과 해독 작용에 사용된다.

청미래덩굴

수은이나 니켈, 카드뮴과 같은 온갖 중금속을 해독하는 데 탁월하다. 인스턴트 식품과 패스트푸드를 좋아하는 청소년들은 각종 중금속 축적으로 생활 습관병의 무방비 상태에 노출되어 있는데, 건강차로 마시면 질병 예방에 좋다.

원추리

마음을 안정시키고 스트레스를 풀어주며, 우울증과 불면증 해소 등 마음의 병을 다스리는 데 으뜸인 식재료이다.

참가죽나무

겨우내 몸속에 쌓였던 각종 독소를 체외로 배출시키고 신진대사를 촉진하며 축 처진 기운을 돋게 하는 데 좋다.

으름덩굴

몸의 열을 내리게 하고 소변이 잘 나오게 하며, 여성의 생리를 원활하게 도와주고 젖이 잘 나오게 한다. 심장을 튼튼하게 하고 염증을 삭히며 지나친 위액 분비를 조절해 준다.

소루쟁이

생잎을 즙을 내어 복용하면 각종 무좀, 습진, 가려움 등의 피부 질환에 효험이 있다. 또한 위장염, 소화 불량, 장출혈에 사용된다.

냉이

말린 것을 차를 마시듯 복용하면 눈이 밝아지고, 간 기능이 좋아진다. 또한 위장을 튼튼하게 하고 소화 기능을 촉진시키며, 자궁 출혈, 치질로 인한 출혈에 도움이 된다.

달맞이

피부염이 생겼을 때 생잎을 찧어 환부에 바르면 좋고, 뿌리는 인후염, 두통, 열감기, 기관지염에 쓰인다. 씨앗은 리놀렌산이 다량 함유되어 있어 당뇨병, 고혈압, 비만, 아토피 피부염, 고지혈증, 콜레스테롤 저하 등에 효능이 있다.

머위잎

쓴맛을 이용하여 소화가 잘 안 될 때, 식욕이 없을 때, 기침과 가래가 심할 때 활용하고, 잎자루의 껍질은 방부 효과가 있어 다른 산나물을 절일 때 함께 넣으면 곰팡이가 생기지 않는다.

명아주

모기나 벌레에 물렸을 때 잎을 찧어 즙을 바르면 해독과 가려움증을 없애 준다. 설사를 멈추게 하고 위장 기능을 좋게 하며, 장염과 습진, 중풍과 천식 그리고 충치와 치통에 효과가 있다.

쇠비름

탄닌과 사포닌, 베타카로틴, 글루틴, 칼슘, 비타민을 비롯하여 생명체 유지에 필요한 지방산 등이 다량 함유되어 있다. 스트레스와 알츠하이머, 우울증 및 혈액 순환 장애로 발생하는 질병 예방에 좋은 식품으로 알려져 있다.

씀바귀

위와 장을 튼튼하게 하여, 소화 기능을 좋게 하고 마음을 차분해지게 하는 진정 작용을 한다. 항염 작용이 있어 면역력을 높여주고, 항암 작용에도 효과가 있다.

질경이

만성간염, 고혈압, 기침과 가래, 습관성 설사와 변비, 몸이 잘 붓는 부종, 류머티스 관절염, 알코올성 숙취나 중독에 도움이 된다.

차즈기

전초를 씻어 그늘에 2~3일 밀려 술을 딤그면 연녹황색 술이 되는데, 영양가가 매우 높아 저혈압, 빈혈, 스테미너 결핍에 특효가 있다.

칡

잎을 차나 음식에 활용하면 몸의 원기 회복에 좋고 고혈압으로 머리 아플 때, 열을 내리게 하여 두통을 멈추게 하며, 부종에도 도움이 된다.

환삼덩굴

말린 잎을 가루를 내어 식전에 먹으면 혈압을 내리며, 수면 장애, 시력장애, 심장이 답답한 증상, 이명, 언어 장애가 완화된다.

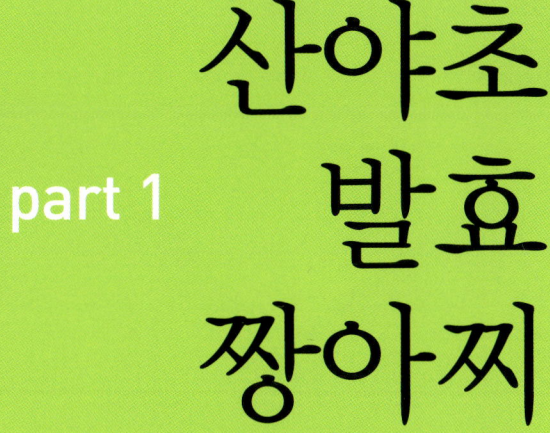

part 1

산야초
발효
짱아찌

가지잎 된장 장아찌

레시피

1 가지잎 데쳐 말리기 가지잎은 손질 후 끓는 물에 소금을 넣고 살짝 데친다. 데친 가지잎을 찬물에 담가 식혀 건진 후 채반에 올려 바람이 잘 통하는 그늘에서 꾸덕꾸덕해질 때까지 말린다.

2 맛간장 만들기 분량의 맛간장 재료를 넣고 끓여서 건더기만 건져 내고 장은 식힌다.

3 말린 가지잎에 맛간장 붓기 말린 가지잎을 용기에 담고 **2**를 가지잎에 부은 후 돌로 눌러 둔다.

4 두 번 더 맛간장 끓여 붓기 3일, 10일째 되는 날 맛간장을 따라 내고 다시 끓여 식힌 후 맛간장을 붓는다. 마지막 맛간장을 부을 때는 분량의 산야초 발효 효소를 섞는다.

5 보관하기 한 달 정도 지나면 스민 간장을 꼭 짠다. 용기 바닥에 된장을 깔고 가지잎 사이사이에 된장을 바른 뒤 위에 된장을 넉넉히 덮어서 1개월이 지나면 기호에 따라 양념을 해서 먹는다.

 한마디
- 만들어진 장아찌를 양념하는 것은 맛을 상승시키고 짠맛을 완화하기 위함이다.
- 소금물에 설인 **뒤** 맛간장으로 절인 가지잎을 된장이나 고추장에 박아 두었다가 쌈을 싸 먹거나 갖은 양념에 무쳐 먹는다.

 **재료** 20인분

가지잎 1kg
산야초 발효 효소(맛간장용) 2컵
소금 약간

된장 된장 6컵, 조청(물엿) 0.5컵

맛간장 간장 3컵, 쌀뜨물 1.5컵, 감식초 1컵, 조청(물엿) 1컵, 소주 1/2컵, 마른고추 3개, 청량고추 1개, 통후추 5g, 다시마 1잎, 대파 1대, 월계수잎 2잎

양념 다진 파 적당량, 다진 마늘 적당량, 깨소금 적당량, 참기름 적당량

가지

특징 원산지는 인도이며, 쌍떡잎식물, 통화식물목 가지과의 한해살이 풀이다. 크기는 보통 60cm~100cm 정도로, 열대에서 온대 지역에 분포한다. 과일·채소 중에 칼로리가 가장 낮으며, 여름에서 초가을 사이에 자란 것이 맛이 좋다. 칼륨과 회분이 많이 함유되어 있으며, 그 외에 단백질, 탄수화물, 칼슘, 인, 비타민 A, C가 들어 있다.

효능
잎 – 혈림, 하혈, 동상
열매 – 장기능 강화, 변비, 항암 효과, 해열, 고혈압, 염증, 피로 회복
뿌리 – 혈변, 각기, 치통   **꽃** – 숙취 해소

이용 부위 잎, 열매, 뿌리, 꽃
식용 볶음, 찜, 조림, 구이, 진, 튀김
채취 시기 여름~초가을
포인트 1. 가지의 마른 잎을 갈아서 따뜻한 술이나 소금물에 타 마시면 빈혈을 치료하는 데 효과적이다.
2. 꼭지도 버리지 말고 서늘한 그늘에 말렸다가 달여 마시면 맹장염, 파상풍을 낮게 한다.
단, 가지는 차가운 성질의 식품으로 기침을 하는 사람이 가지를 먹으면 더 심해진다. 수족 냉증이나 임산부는 주의해야 한다.
궁합이 맞는 음식 삼겹살, 표고버섯, 생강

감잎 고추장 장아찌

레시피

재료 20인분

1 감잎 데쳐 말리기 어린잎을 손질하여 끓는 물에 소금을 넣고 살짝 데친다. 데친 감잎의 떫은맛을 제거하기 위해 연한 소금물에 하루 정도 담갔다 건진 후 채반에 올려 바람이 잘 통하는 그늘에서 꾸덕꾸덕해질 때까지 말린다.

2 맛간장 만들기 분량의 재료를 넣고 끓인 후 간장만 따라 내어 식힌다.

3 말린 감잎에 맛간장 붓기 말린 감잎을 차곡차곡 담고 **2**를 부어 돌로 눌러 둔다.

4 두 번 더 맛간장 끓여 붓기 3일, 10일째 되는 날 맛간장을 따라 내고 다시 끓여 식힌 후 부어준다. 마지막 맛간장을 부을 때는 분량의 산야초 발효 효소를 섞는다.

5 간장 제거하여 용기에 재놓기 한 달 정도 지나면 감잎을 꺼내어 스민 간장을 꼭 짠다. 용기를 준비하여 바닥에 고추장을 깔고 감잎을 넣은 뒤 고추장을 넉넉히 덮어서 2~3개월간 저장한다.

6 양념에 무쳐서 내기 감잎에 간이 배면 고추장을 훑어 내고 갖은 양념에 무쳐 낸다.

한마디 상아씨를 반늘 때는 항아리, 그릇, 수석 능에 불기가 없어야 장아찌의 맛이 변하지 않는다.

감잎 1kg
산야초 발효 효소(맛간장용) 2컵
소금물(물 10컵, 소금 0.4컵)

고추장 고추장 6컵, 산야초 발효 효소 1컵, 조청(물엿) 0.5컵

맛간장 간장 3컵, 쌀뜨물 1.5컵, 감식초 1컵, 조청(물엿) 1컵, 소주 1/2컵, 마른고추 3개, 청량고추 1개, 통후추 5g, 다시마 1잎, 대파 1대, 월계수잎 2잎

양념 다진 파, 다진 마늘, 산야초 발효 효소, 깨소금, 참기름 적당량씩

감나무

특징 높이 10~15m로 잎자루에는 털이 있고 잎의 크기는 5~15mm이다. 꽃은 양성화 또는 단성화로서 담황색 꽃이 새로 자란 가지의 잎겨드랑이에서 5~6월에 핀다. 수꽃은 종 모양으로 집산 꽃차례를 이루며 달린다. 암꽃은 잎겨드랑이에 1개씩 달리고 꽃받침은 난형으로 4개로 갈라진다. 가장자리는 약간 뒤로 젖혀진다. 원산지는 한국으로 따뜻한 지방에서 잘 자라며 내한성이 좋고 대기 오염에도 강하다.

효능 불면증, 당뇨병, 순환기 질환, 피로 회복
이용 부위 잎, 열매
채취 시기 5~6월
식용 튀김, 샐러드, 무침, 부각, 차
포인트 1. 감잎은 약산성이기 때문에 가능한 알칼리성 약초차와 함께 마시는 것은 피한다. 변비가 심한 사람은 감잎차를 많이 마시는 것이 좋지 않다.
2. 감잎차는 칼로리가 낮아 비만인 사람에게 적합하다.

고구마순 고추장 장아찌

레시피

1 고구마순 말리기 고구마순을 깨끗이 씻은 다음 염도가 6~7%인 소금물에 30분간 담갔다 찬물에 헹궈 건진 후 채반에 올려 그늘에서 꾸덕꾸덕해질 때까지 말린다.

2 고추장에 버무리기 말린 고구마순을 고추장에 버무려 망이나 베 주머니에 넣고 그 위에 고추장을 듬뿍 얹어 저장한다.

3 장아찌 내기 1개월 이상 지나면 먹을 수 있다. 먹을 만큼만 꺼내 양념해서 낸다.

재료 20인분

고구마순 1kg
고추장(고추장 6컵, 산야초 발효 효소 0.5컵, 조청(물엿) 0.5컵), 소금물(물 10컵, 소금 1컵)

양념 산야초 발효 효소 0.5컵, 조청(물엿) 0.5컵, 다진 파, 다진 마늘, 깨소금, 참기름, 고춧가루 각각 적당량씩

 ## 고구마 줄기잎

특징 고구마 줄기의 주성분은 수분 95.9g, 칼슘 82mg, 칼륨 345mg으로 이루어져 있다. 고구마 줄기는 '버섯등'이라 하고 달면서도 약간 떫은맛이 있다. 고구마순은 식물성 지방과 비타민 A를 함유하고 있다. 고구마 잎에는 단백질, 칼슘, 철, 아연 등 필수 아미노산과 비타민, 미네랄, 폴리페놀이 다량으로 함유되어 있고, 안질환 예방 성분인 루테인이 풍부하게 함유되어 있다.

효능
  줄기 – 구토, 설사, 혈변, 자궁 출혈, 종기
  잎 – 기미, 당뇨병
이용 부위 줄기, 잎
식용 여름철 계절 음식으로 서늘한 성질을 가지고 있다. 무침, 볶음, 나물, 김치, 장아찌
채취 시기 줄기, 잎 – 여름
포인트 젖이 부족할 때도 효과가 있으며, 섬유질이 많아 변비에 좋다.

고들빼기 고추장 장아찌

레시피

 **재료** 20인분

1 고들빼기 말리기 고들빼기는 쓴맛이 강해 소금물을 바꿔 가며 2~3일 정도 담가 쓴맛을 우려낸 후 찬물에 헹궈 채반에 올려 그늘에서 꾸덕꾸덕해질 때까지 말린다.

2 고추장에 박기 말린 고들빼기를 고추장에 박아 둔다.

3 장아찌 내기 2~3개월 정도 지나 고들빼기에 간이 배면 여분의 고추장을 훑어 내고 먹을 만큼만 꺼내 양념에 무쳐서 낸다.

고들빼기 1kg
고추장(고추장 6컵, 산야초 발효 효소 1컵, 조청(물엿) 0.5컵)
소금물(물 10컵, 소금 0.4컵)

양념 산야초 발효 효소 0.5컵, 조청(물엿) 0.5컵, 다진 파, 다진 마늘, 깨소금, 참기름, 고춧가루 각각 적당량씩

 한마디
- 간장에 절여서 간장을 짜내고 고추장에 박아 두었다가 먹어도 맛있다.
- 야생이냐 하우스에서 재배한 것이냐에 따라서 쓴맛을 우려내는 기간이 1~5일 달라진다.
- 쓴 고들빼기를 무칠 때 산야초 발효 효소를 첨가하면 특유의 쓴맛을 어느 정도 중화시킬 수 있다.

 고들빼기

특징 잎은 서로 어긋나게 나고, 잎 뒷면은 흰색을 띠고 여러 갈래로 갈라지며, 줄기를 자르면 흰 유액이 나온다. 꽃은 7~10월에 흰색 또는 노란색으로 피고, 10월에 종자가 여문다.

효능 해열, 소염 작용, 소화 작용

이용 부위 전초

식용 김치, 장아찌, 쌈, 튀김, 무침

채취 시기 가을

포인트 약초로 만들기 위해서는 가을에 뿌리를 캐어 햇볕에 말린다.

고사리 간장 장아찌

레시피

 **재료** 20인분

1 고사리 말리기 고사리는 손질하여 끓는 물에서 삶아 찬물에 헹 군 후 건져 채반에 올려 바람이 잘 통하는 그늘에서 꾸덕꾸덕해 질 때까지 말린다.

2 맛간장 달이기 분량의 준비된 재료를 넣고 끓여서 건더기만 건 져 내고 간장은 식힌다.

3 고사리 담기 한 끼 분량씩 묶어서 고사리를 용기에 담고 식힌 맛 간장을 부은 뒤 무거운 돌로 눌러준다.

4 두 번 더 맛간장 끓여 붓기 3일, 10일째 되는 날 맛간장을 따라 내고 다시 끓여 식힌 후 다시 맛간장을 붓는다. 마지막 맛간장 을 부을 때는 분량의 산야초 발효 효소를 섞는다.

5 장아찌 내기 한 달 뒤에 먹을 만큼만 덜어 양념에 무쳐 낸다.

고사리 1kg
산야초 발효 효소(맛간장용) 2컵

맛간장 간장 3컵, 쌀뜨물 1.5컵, 감식초 1컵, 조청(물엿) 1컵, 소주 1/2컵, 마른고추 3개, 청량고추 1개, 통후추 5g, 다시마 1잎, 대 파 1대, 월계수잎 2잎

양념 산야초 발효 효소, 통깨, 참기름 적당량씩

 한마디
- 맛이 들면 맛간장 물을 뺀 뒤 고추장에 박아 두었다가 먹으면 또 다른 맛 을 즐길 수 있다.
- 숙성된 고사리는 부드러우면서 고사리 본연의 맛과 다른 감칠맛이 난다.

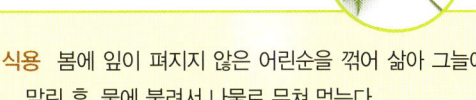

 고사리

특징 뿌리 줄기는 곳곳에서 잎을 뻗는데 땅속으로 1m 정 도 자란다. 잎자루는 연한 황토색이고 20~80cm 길이 로 자라며 땅에 묻혀 있는 부분은 털이 있고 갈색이다. 가장 밑의 잎조각이 가장 크고 전국 각지에 자생하는 다 년생 양치류이다. 양지나 음지에서 모두 잘 적응하고, 환경 조건이 나쁜 곳에서도 잘 생육하지만 토양이 오염 된 곳에서는 생육하지 못한다.

효능 황달, 설사, 이뇨, 종기, 지혈

이용 부위 잎(어린순), 뿌리

식용 봄에 잎이 펴지지 않은 어린순을 꺾어 삶아 그늘에 말린 후, 물에 불려서 나물로 무쳐 먹는다.
비빔밥, 나물 잡채, 육개장, 추어탕 등에 쓰이며 국으로 끓여서도 먹는다.

채취 시기 잎(어린순) – 봄, 뿌리 – 가을

포인트 1. 비름과 함께 사용하면 안 된다.
2. 고사리에는 소량의 독성이 있어 생으로 먹지 않고 물 에 담가 여러 차례 우려내거나 삶아서 그늘에서 말린 것을 먹는다.

달래 간장 장아찌

레시피

재료 20인분

달래 1kg
산야초 발효 효소(맛간장용) 2컵

맛간장 간장 3컵, 쌀뜨물 1.5컵,
감식초 1컵, 조청(물엿) 1컵, 소주
1/2컵, 마른고추 3개, 청량고추
1개, 통후추 5g, 다시마 1잎, 대
파 1대, 월계수잎 2잎

1 재료 손질 달래는 흰머리 부분을 문질러 씻어 소금에 살짝 절인
뒤 찬물에 헹궈 채반에 펼쳐 꾸덕꾸덕하게 말린다.

2 맛간장 만들어 붓기 맛간장을 끓여 건더기만 건져 내고 장은 식
혀 달래에 붓는다.

3 두 번 더 맛간장 끓여 붓기 3일, 10일째 되는 날 맛간장을 따라
내고 다시 끓여 식힌 후 맛간장을 붓는다. 마지막 맛간장을 부
을 때는 분량의 산야초 발효 효소를 섞는다.

4 장아찌 내기 1개월 정도 지나면 먹을 수 있다.

 달래

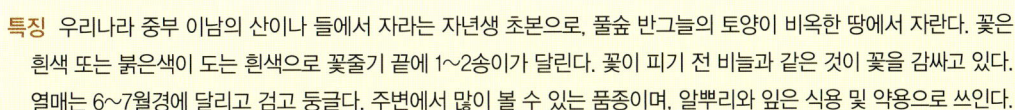

특징 우리나라 중부 이남의 산이나 들에서 자라는 자년생 초본으로, 풀숲 반그늘의 토양이 비옥한 땅에서 자란다. 꽃은
흰색 또는 붉은색이 도는 흰색으로 꽃줄기 끝에 1~2송이가 달린다. 꽃이 피기 전 비늘과 같은 것이 꽃을 감싸고 있다.
열매는 6~7월경에 달리고 검고 둥글다. 주변에서 많이 볼 수 있는 품종이며, 알뿌리와 잎은 식용 및 약용으로 쓰인다.

효능 피부 노화 방지, 간장 작용, 동맥경화, 장염, 위암, 불면증

이용 부위 전초

식용 샐러드, 비빔밥, 겉절이, 국, 고명

채취 시기 봄

포인트 달래는 비타민과 단백질, 칼슘이 풍부하며 빈혈 치료, 면역력 향상에 효과가 있어 공부하는 학생들에게 좋은 식
품이다.

닥나무잎 된장 장아찌

레시피

재료 20인분

닥나무잎 1kg
된장(된장 6컵, 산야초 발효 효소 1컵, 조청(물엿) 1컵)

1 닥나무잎 말리기 여린 잎을 깨끗이 다듬어 김 오른 찜솥에 쪄서 찬물에 헹궈 건진 후 채반에 올려 그늘에서 꾸덕꾸덕해질 때까지 말린다.

2 된장에 재어 두기 말린 닥나무잎은 한번 먹을 분량씩 묶어서 된장을 잎 사이사이에 발라 차곡차곡 단지에 담은 후 바닥과 제일 위에 된장을 넉넉히 덮어 저장한다.

3 장아찌 내기 한 달 정도 된장에 재어 두었다가 소량씩 꺼내어 먹는다.

 한마디 소금으로 담근 장아찌를 만들 때 너무 짜면 물에 담가 짠맛을 뺀 다음 사용한다.

 **닥나무**

특징 줄기를 꺾으면 딱 하는 소리가 나기 때문에 닥나무라 한다. 나무의 높이는 3m에 달하며 껍질은 회갈색이고 옆으로 긴 타원형의 껍질눈이 있다. 잔가지는 손으로 꺾을 수 없을 정도로 유연하고 질기며 잔털이 있다가 없어진다. 앞면은 거친 느낌이 들며, 뒷면에는 잎자루와 더불어 털이 있다가 없어진다. 암·수 한 그루로 5월에 잎과 더불어 수꽃이삭과 암꽃이삭이 동그랗게 달린다. 수꽃 화피 조각과 수술이 각각 4개가 있다. 암꽃은 통형의 화피가 2~4갈래로 갈라지고 암술대는 실처럼 길다. 열매는 핵과로 표면에 갈고리 모양의 가시털이 있고, 9월에 둥글고 주홍색으로 익는다. 잎을 자르면 흰 액이 나온다.

효능 자양 강장, 지혈, 어혈 제거, 시력 회복, 변비, 이명증
채취 시기 4계절
이용 부위 뿌리 껍질, 잎, 열매
식용 쌈(데침), 나물, 차, 밥, 건과
포인트 껍질은 종이 원료로 사용한다.

톳 간장 장아찌

레시피

1 톳 손질하기 톳의 염분을 충분히 제거한 후 깨끗한 물에 여러 번 헹군다.

2 용기에 톳 담기 채반에 넣어 물기를 제거한 뒤 용기에 차곡차곡 담는다.

3 맛간장 만들기 맛간장 재료를 넣고 끓여서 건더기만 건져 내고 장만 식힌 후 톳에 붓는다.

4 두 번 더 맛간장 끓여 붓기 3일, 10일째 되는 날 맛간장을 따라 내고 다시 끓여 식힌 후 맛간장을 붓는다. 마지막 맛간장을 부을 때는 분량의 산야초 발효 효소를 섞는다.

5 장아찌 내기 먹을 만큼만 덜어 그냥 먹거나 잘게 썰어서 갖은 양념에 무쳐 낸다.

한마디 • 초여름에 싸게 대량으로 구입해 염분을 빼고 반그늘에서 3~4일 정도 완전히 말린다. 그러면 한겨울에도 비타민과 무기질을 섭취할 수 있다.

톳 1kg
산야초 발효 효소(맛간장용) 2컵

맛간장 간장 3컵, 쌀뜨물 1.5컵, 감식초 1컵, 조청(물엿) 1컵, 소주 1/2컵, 마른고추 3개, 청량고추 1개, 통후추 5g, 다시마 1잎, 대파 1대, 월계수잎 2잎

양념 산야초 발효 효소, 다진 파, 다진 마늘, 깨소금, 참기름 약간씩

 톳

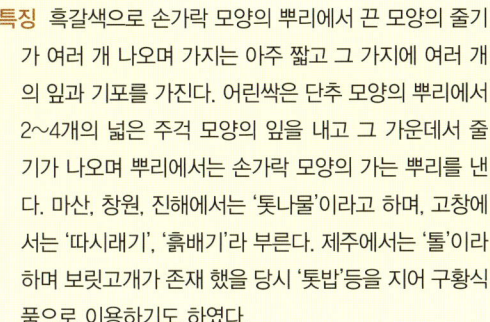

특징 흑갈색으로 손가락 모양의 뿌리에서 끈 모양의 줄기가 여러 개 나오며 가지는 아주 짧고 그 가지에 여러 개의 잎과 기포를 가진다. 어린싹은 단추 모양의 뿌리에서 2~4개의 넓은 주걱 모양의 잎을 내고 그 가운데서 줄기가 나오며 뿌리에서는 손가락 모양의 가는 뿌리를 낸다. 마산, 창원, 진해에서는 '톳나물'이라고 하며, 고창에서는 '따시래기', '흙배기'라 부른다. 제주에서는 '톨'이라 하며 보릿고개가 존재 했을 당시 '톳밥'등을 지어 구황식품으로 이용하기도 하였다.

주문진 이남에서 서해안 장산곶까지 생육하고 남해안과 제주에서 가장 잘 자란다.

효능 콜레스테롤 억제, 뼈 손상 예방, 항암 작용

이용 부위 전초

식용 무침, 튀김, 전, 생채

채취 시기 12월~3월

포인트 포화지방산이 많은 고기와 함께 섭취하면 혈중 콜레스테롤을 낮춰 주고 고기에 부족한 식이섬유도 많이 보충해 준다.

모자반 고추장 장아찌

레시피

1 모자반(몰) 손질하기 모자반의 염분을 충분히 제거한 후 깨끗한 물에 여러 번 헹군다.

2 용기에 모자반 담기 채반에 넣어 물기를 제거한 뒤 용기에 차곡차곡 담는다.

3 맛간장 만들기 맛간장 재료를 넣고 끓여서 건더기만 건져 내고 장은 식힌 후 모자반에 붓는다.

4 두 번 더 맛간장 끓여 붓기 3일, 10일째 되는 날 맛간장을 따라 내고 다시 끓여 식힌 후 맛간장을 붓는다. 마지막 맛간장을 부을 때는 분량의 산야초 발효 효소를 섞는다.

5 고추장에 박기 한 달 정도 지나 모자반에 간이 들면 맛간장을 훑어내고 고추장에 박아둔다.

6 장아찌 내기 먹을 만큼만 덜어 그냥 먹거나 잘게 썰어서 갖은 양념에 무쳐 낸다.

 한마디 모자반은 국, 무침으로 많이 이용하는데 젓국에 무치거나 신김치를 씻어 같이 무쳐 먹기도 한다.

 **재료** 20인분

모자반(몰) 1kg
산야초 발효 효소(맛간장용) 2컵

고추장 고추장 6컵, 산야초 발효 효소 1컵, 조청(물엿) 0.5컵

맛간장 간장 3컵, 쌀뜨물 1.5컵, 감식초 1컵, 조청(물엿) 1컵, 소주 1/2컵, 마른고추 3개, 청량고추 1개, 통후추 5g, 다시마 1잎, 대파 1대, 월계수잎 2잎

양념 산야초 발효 효소, 다진 파, 다진 마늘, 깨소금, 참기름 약간씩

 ## 모자반(몰)

특징 뿌리는 작은 반상근이고 줄기는 매우 짧고 원주 모양이며 줄기 끝에 여러 가지 중심 가지가 나온다. 줄기는 길이로 고랑이 있어서 단면에서는 삼각형 등을 나타낸다. 잎은 주걱 모양이며 가장자리에 거치가 있다. 가지는 초기에 있어 겹쳐져 덮은 모양이고 잎은 소형이며 긴 타원형을 감은 도란형이고 톱니가 좀 있다. 일본에 분포하고 우리나라에서는 속초, 송라, 구룡포, 부산, 거제도, 완도, 오동도, 제주도 등지에 분포한다.

효능 콜라겐 합성, 항산화 작용, 노화 방지, 기미, 주근깨, 여드름

이용 부위 전초

식용 국, 무침, 생채, 튀김, 양념용, 장아찌

채취 시기 12월~3월

포인트 서늘하고 빛이 차단된 건조한 곳에 보관하며 말려서 사용하거나 말린 후 가루로 만들어 천연 양념으로도 사용 가능하다.

달맞이 고추장 장아찌

레시피

재료 20인분

달맞이 1kg, 소금 약간

고추장 고추장6컵, 산야초 발효 효소 1컵, 조청(물엿) 0.5컵

양념 산야초 발효 효소, 조청(물엿), 다진 파, 다진 마늘, 깨소금, 참기름 적당량씩

1 달맞이 손질하기 달맞이는 뿌리의 흙이 묻은 부분을 칼로 저며 내고 물에 깨끗이 씻어 연한 소금물에 하루 정도 담가 찬물로 헹궈 건진 후 채반에 올려 그늘에서 꾸덕꾸덕해질때까지 말린다.

2 달맞이 고추장에 버무리기 달맞이에 고추장을 섞어 버무려 통에 꼭꼭 눌러 담은 다음 위에 고추장을 1cm쯤 덮어서 보관한다.

3 장아찌 내기 1개월 후에 맛이 들면 그냥 먹어도 되지만 양념하여 먹어도 좋다.

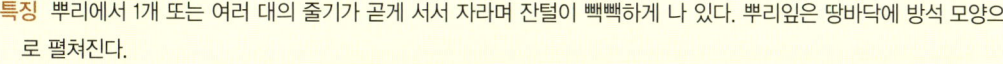 달맞이

특징 뿌리에서 1개 또는 여러 대의 줄기가 곧게 서서 자라며 잔털이 빽빽하게 나 있다. 뿌리잎은 땅바닥에 방석 모양으로 펼쳐진다.
　　줄기잎은 선형으로 어긋나며 끝이 뾰족하고 가장자리에 잔톱니가 있다. 7월에 줄기 윗부분의 잎겨드랑이에서 노란색 꽃이 피며 지름은 2~3cm이다. 해질 무렵에 피어서 해가 뜨면 다시 시든다.
　　꽃잎은 4개로 끝이 파져 있고 꽃받침 조각은 4개가 2개씩 합쳐져 있다. 수술 8개, 암술 4개이다. 삭과인 열매는 4개로 갈라진다.

효능 항암, 해열, 소염 작용, 월경증후군, 콜레스테롤 강하

이용 부위 꽃, 전초, 줄기, 뿌리, 씨앗

식용
　잎 – 무침, 볶음, 생채, 겉절이
　꽃 – 튀김, 초무침, 매실진액 무침, 차

채취 시기 **전초** – 봄~여름, **뿌리** – 가을

담쟁이덩굴잎 고추장 장아찌

레시피

재료 20인분

담쟁이덩굴잎 1kg
산야초 발효 효소(맛간장용) 2컵
소금 약간

고추장 고추장 6컵, 산야초 발효 효소 1컵, 조청(물엿) 0.5컵

맛간장 간장 3컵, 쌀뜨물 1.5컵, 감식초 1컵, 조청(물엿) 1컵, 소주 1/2컵, 마른고추 3개, 청량고추 1개, 통후추 5g, 다시마 1잎, 대파 1대, 월계수잎 2잎

양념 산야초 발효 효소 0.5컵, 조청(물엿) 0.5컵, 다진 파 적당량, 다진 마늘 적당량, 깨소금 적당량, 참기름 적당량, 고춧가루 약간

1 **담쟁이덩굴잎 손질하여 데치기** 담쟁이잎은 손질하여 끓는 물에 소금을 넣고 파랗게 살짝 데쳐 찬물에서 건진 후 채반에 올려 바람이 잘 통하는 그늘에서 꾸덕꾸덕해질 때까지 말린다.

2 **맛간장 만들기** 분량의 맛간장 재료를 넣고 은근히 끓여서 간장만 걸러 식힌 후 산야초 발효 효소를 섞는다.

3 **용기에 담기** 담쟁이덩굴잎을 용기에 담고 맛간장을 부어 돌로 눌러 둔다.

4 **간장 제거한 담쟁이덩굴잎 말리기** 일주일 뒤에 담쟁이덩굴만 건져 간장을 짜낸 뒤 다시 채반에 널어 꾸덕꾸덕하게 말린다.

5 **고추장 보관하기** 담쟁이덩굴잎에 고추장을 골고루 섞어 용기에 담은 뒤 꾹꾹 눌러 준 후 서늘한 곳에 보관한다.

6 **장아찌 내기** 장아찌를 낼 때 준비된 양념을 넣고 버무려서 낸다.

 한마디 식용으로 하는 것은 참나무, 소나무에 올라가는 담쟁이잎을 사용한다. 특히 소나무에 올라간 담쟁이가 혈당을 낮추는 데 효과적이다.

 ## 담쟁이덩굴

특징 줄기는 10m 이상 뻗어 나가며 가지가 많이 갈라진다. 잎과 마주하여 나는 덩굴손은 흡착근이 있어 담벽이나 암벽에 잘 붙으며 잘 떨어지지 않는다. 잎은 어긋나고 덩굴손과는 마주난다. 가장자리에 불규칙한 톱니가 있으며 표면에 털이 없고 뒷면의 맥 위로 잔털이 있다. 꽃은 잎겨드랑이나 가지 끝에 취산 꽃차례로 달리고 황록색이다. 꽃받침 조각, 꽃잎, 수술이 각각 5개이고 7~8월에 핀다. 전국의 바위나 암벽, 산지에서 흡반이 있는 덩굴손으로 붙어서 자라는 덩굴성 낙엽활엽만목으로 원산지는 한국이다.

효능 혈당 강하, 혈액 순환, 지혈, 항암, 당뇨, 거담, 진통, 부인병

이용 부위 잎, 줄기, 열매, 뿌리

식용 차, 약술

채취 시기 가을

포인트 담벽, 암벽에 올라가는 담쟁이는 독을 가지고 있어 식용에 주의해야 한다.

당귀잎 간장 장아찌

레시피

1 당귀잎 말리기 당귀잎은 깨끗이 다듬어 6~7% 염도의 소금물에 30분간 담가 두었다가 찬물에 헹궈 건져 채반에 올려 바람이 잘 통하는 그늘에서 꾸덕꾸덕하게 말린다.

2 맛간장 끓이기 분량의 맛간장 재료를 냄비에 넣고 끓인 후 간장만 따라 내어 식힌 다음 당귀잎에 붓는다.

3 두 번 더 맛간장 끓여 붓기 3일, 10일째 되는 날 맛간장을 따라 내고 다시 끓여 식힌 후 맛간장을 붓는다. 마지막 맛간장을 부을 때는 분량의 산야초 발효 효소를 섞는다.

4 장아찌 내기 1개월 정도 지나면 꺼내어 먹을 만큼 덜어서 양념에 무쳐 낸다.

 당귀 뿌리는 1회 양을 6~15g으로 해서 3시간 정도 달여 복용한다.

 **재료** 20인분

당귀잎 1kg
산야초 발효 효소(맛간장용) 2컵
소금물(물 10컵, 소금 1컵)

맛간장 간장 3컵, 쌀뜨물 1.5컵, 감식초 1컵, 조청(물엿) 1컵, 소주 1/2컵, 마른고추 3개, 청량고추 1개, 통후추 5g, 다시마 1잎, 대파 1대, 월계수잎 2잎

양념 다진 파, 다진 마늘, 깨소금, 참기름 각각 적당량씩

 당귀

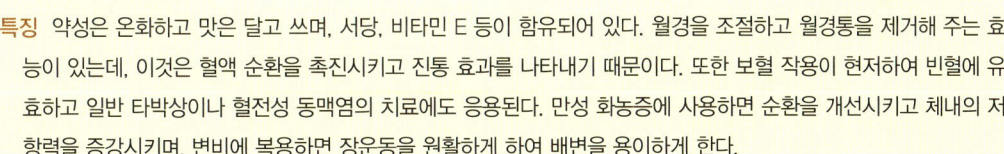

특징 약성은 온화하고 맛은 달고 쓰며, 서당, 비타민 E 등이 함유되어 있다. 월경을 조절하고 월경통을 제거해 주는 효능이 있는데, 이것은 혈액 순환을 촉진시키고 진통 효과를 나타내기 때문이다. 또한 보혈 작용이 현저하여 빈혈에 유효하고 일반 타박상이나 혈전성 동맥염의 치료에도 응용된다. 만성 화농증에 사용하면 순환을 개선시키고 체내의 저항력을 증강시키며, 변비에 복용하면 장운동을 원활하게 하여 배변을 용이하게 한다.

효능 보혈 기능, 혈액 순환, 변비, 자궁 수축

이용 부위 잎, 뿌리

채취 시기 여름

식용 쌈, 겉절이, 약재, 술, 장아찌

포인트 1. 당귀는 음에 해당하는 약이다. 당귀는 몸체 부분과 꼬리 부분으로 나누어 효능을 설명한다. 몸체 부분은 당귀신이라 불리며 혈을 보충하는 작용을 하고, 꼬리 부분은 당귀미 또는 당귀수라 불리며 기혈의 순환을 도와주어 어혈을 없애 주는 작용을 한다.
2. 당귀와 어울리는 약재로는 감초, 대추, 녹용, 천마, 황기 등이 있다.

도꼬마리잎 된장 장아찌

레시피

1 도꼬마리잎 말리기 도꼬마리잎은 손질 후 끓는 물에 소금을 넣고 김 오른 찜솥에 살짝 쪄서 채반에 올려 그늘에서 꾸덕꾸덕해질때까지 말린다.

2 맛간장 만들기 분량의 준비된 재료를 넣고 끓인 후 간장만 따라내어 식힌다.

3 맛간장 붓기 말린 도꼬마리잎을 한번 먹을 분량만큼 단으로 만들어 용기에 차곡차곡 담고 맛간장을 부어 돌로 눌러 둔다.

4 두 번 더 맛간장 끓여 붓기 3일, 10일째 되는 날 맛간장을 따라내고 다시 끓여 식힌 후 맛간장을 붓는다. 마지막 맛간장을 부을 때는 분량의 산야초 발효 효소를 섞는다.

5 간장 제거하기 한 달 정도 지나면 용기에서 꺼낸 후 도꼬마리잎 단에 스민 간장을 꼭 짜준다.

6 용기에 재놓기 용기 바닥에 된장을 깔고 도꼬마리잎 사이사이에 된장을 넣은 뒤 제일 위에 된장을 넉넉히 덮는다.

7 장아찌 내기 1개월 후 장아찌를 낼 때 양념에 버무려서 낸다.

 한마디 도꼬마리잎에 찹쌀풀을 앞뒤로 발라 기름에 튀겨 먹으면 바삭하여 색다른 맛을 느낄 수 있다.

 **재료** 20인분

도꼬마리잎 1kg
산야초 발효 효소(맛간장용) 2컵
소금 약간

된장 된장 6컵, 산야초 발효 효소(맛간장용) 1컵, 조청(물엿) 1컵

맛간장 간장 3컵, 쌀뜨물 1.5컵, 감식초 1컵, 조청(물엿) 1컵, 소주 1/2컵, 마른고추 3개, 청량고추 1개, 통후추 5g, 다시마 1잎, 대파 1대, 월계수잎 2잎

양념 산야초 발효 효소 0.5컵, 조청(물엿) 0.5컵, 다진 파 적당량, 다진 마늘 적당량, 깨소금 적당량, 참기름 적당량, 고춧가루 약간

 ## 도꼬마리(창이자)

특징 높이 1~1.5m이고, 줄기는 잎과 함께 털이 나 있고 곧게 자란다. 잎은 어긋나있고 넓은 삼각 모양으로 3개로 갈라지며 가장자리에 거친 거치가 있다. 양면에 털이 있고 뒷면에 3개의 맥이 뚜렷이 보인다. 꽃은 8~9월에 피며 노란색으로 원줄기의 끝부분과 가지의 끝부분에 달린다. 수꽃과 암꽃이 있는데 수꽃은 둥근 모양으로 끝에 달리며, 암꽃은 밑부분에 달린다. 총포는 갈고리 모양의 가시가 있고, 열매는 수과로 총포에 2개가 싸여 있으며 다른 물체에 잘 붙는다. 일년생 초본으로 원산지는 한국이다.

효능 비염, 진통, 발진, 해열, 두통, 동맥경화, 피부염, 치통
식용 튀김
이용 부위 뿌리, 열매, 잎
채취 시기 열매(익은 것) - 8~9월, 잎 - 이른 봄
포인트 돼지고기와 상극이므로 함께 섭취하는 것을 피한다.

돼지감자잎 된장 장아찌

레시피

1 돼지감자잎 손질하여 데치기   여린 돼지감자잎을 손질하여 끓는 물에 소금을 넣고 파랗게 데친 후 쓴맛이 빠지도록 1~2일 동안 엷은 소금물에 우려낸다.

2 돼지감자잎 말리기   여러 번 헹군 후 채반에 올려 바람이 잘 통하는 그늘에서 꾸덕꾸덕하게 말린다.

3 된장에 돼지감자잎 절이기   말린 돼지감자잎을 된장에 박아 두 달 동안 맛을 들인다. 된장에서 꺼낸 돼지감자잎은 된장물을 손으로 훑어낸다.

4 장아찌 양념 바르기   훑어낸 장아찌에 양념을 발라서 낸다.

 한마디   된장에 박기 전 소주를 조금 부어 주면 색이 고와진다.

 **재료** 20인분

돼지감자잎 1kg
소금물(물 10컵, 소금 0.7컵)

된장 된장 6컵, 산야초 발효 효소(맛간장용) 1컵, 조청(물엿) 1컵

양념 다진 파, 다진 마늘, 깨소금, 참기름 각각 적당량씩

 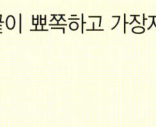

돼지감자

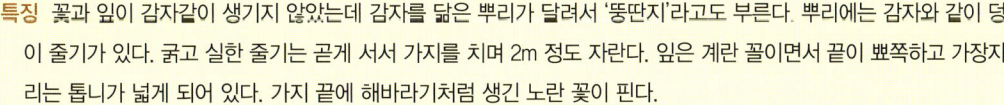

특징   꽃과 잎이 감자같이 생기지 않았는데 감자를 닮은 뿌리가 달려서 '뚱딴지'라고도 부른다. 뿌리에는 감자와 같이 덩이 줄기가 있다. 굵고 실한 줄기는 곧게 서서 가지를 치며 2m 정도 자란다. 잎은 계란 꼴이면서 끝이 뾰쪽하고 가장자리는 톱니가 넓게 되어 있다. 가지 끝에 해바라기처럼 생긴 노란 꽃이 핀다.

효능   류머티스, 신경통, 강장, 자양, 변비, 다이어트, 당뇨병

이용 부위   뿌리

식용   생식, 찜, 샐러드, 조림, 장아찌

채취 시기   **뿌리** – 늦가을~이른 봄

효소 만들기   돼지감자에 붙은 흙과 잔모래를 털어서 깨끗이 세척한 후 그늘에서 물기를 제거하는데, 수분이 많으므로 1~2일 말려서 사용하는 것이 좋다.

  손질한 돼지감자를 얇게 잘라 동량의 흑설탕과 함께 용기에 넣고 밀봉하여 4~5일 간격으로 재료와 설탕을 뒤집어 주며, 그늘에서 약 100일 정도 발효시킨다.

망초 간장 장아찌

레시피

재료 20인분

1 **망초 말리기** 망초는 손질하여 소금을 넣고 끓는 물에 삶아 찬물에 헹군 후 바람이 잘 통하는 그늘에서 꾸덕꾸덕하게 될 때까지 말린다.

2 **맛간장 만들기** 분량의 준비된 재료를 넣고 끓인 후 간장만 따라 내어 식힌다.

3 **맛간장 붓기** 저장 용기를 물기 없이 닦은 뒤 **1**의 망초를 담고 맛간장을 붓는다.

4 **두 번 더 맛간장 끓여 붓기** 3일, 10일째 되는 날 맛간장을 따라 내고 다시 끓여 식힌 후 맛간장을 붓는다. 마지막 맛간장을 부을 때는 분량의 산야초 발효 효소를 섞는다.

5 **장아찌 내기** 먹을 만큼만 덜어서 갖은 양념에 무쳐 낸다.

망초 1kg
산야초 발효 효소(맛간장용) 2컵
소금 약간

맛간장 간장 3컵, 쌀뜨물 1.5컵, 감식초 1컵, 조청(물엿) 1컵, 소주 1/2컵, 마른고추 3개, 청량고추 1개, 통후추 5g, 다시마 1잎, 대파 1대, 월계수잎 2잎

양념 산야초 발효 효소 적당량, 다진 파, 다진 마늘, 설탕, 깨소금, 참기름 적당량

 한마디 망초 간장 장아찌는 쌉싸름한 뒷맛이 여운처럼 남는다.

 망초

특징 높이 100∼150cm 정도로 곧게 자라고 전체에 굵은 털이 덮인다. 잎은 주걱형으로 방석 형태로 퍼져 나가며 꽃이 필 때 없어진다. 어긋나게 달리는 줄기잎은 피침형으로 양끝이 좁고 가장자리에 톱니가 있거나 밋밋하다. 위로 갈수록 작아져 선형으로 가늘어진다. 7∼9월 줄기 위쪽에 가지가 많이 갈라지면서 총상으로 지름 3mm 정도의 작은 머리 모양의 흰색 꽃이 달려 전체적으로 원뿔 꽃차례를 이룬다. 열매는 수과로 길이 2.5mm 정도의 관모가 있다.

효능 관절염, 골다공증, 통풍, 간염, 이질, 결막염

이용 부위 잎, 꽃
식용
  잎 – 나물, 비빔밥, 무침, 국
  꽃 – 차
채취 시기 꽃 – 7∼9월, **잎** – 봄∼여름
효소 만들기 채취한 망초는 깨끗이 씻어 수분을 없앤 다음 흑설탕과 1:1로 섞어 60일 이상 숙성한 다음 건더기를 건져 내고 발효된 망초 효소만 30일 정도 숙성 시켜 용도에 따라 사용한다.
포인트 너무 많이 먹으면 무기질 흡수를 방해한다.

머위잎 된장 장아찌

레시피

1 **머위잎 손질하기** 머위는 줄기가 달려 있는 어린순(잎)으로 준비해서 끓는 물에 살짝 데쳐 물기를 빼준다(자르지 않고 통째로 장아찌를 담갔다가 먹을 때 썬다).

2 **맛간장 만들기** 분량의 준비된 재료를 넣고 끓인 후 간장만 따라 내어 식힌다.

3 **맛간장 붓기** **1**을 저장 용기에 담고 맛간장을 붓는다.

4 **두 번 더 맛간장 끓여 붓기** 3일, 10일째 되는 날 맛간장을 따라내고 다시 끓여 식힌 후 맛간장을 붓는다. 마지막 맛간장을 부을 때는 분량의 산야초 발효 효소를 섞는다.

5 **간장 제거하기** 한 달 정도 지나면 용기에서 꺼낸 후 머위잎 단에 스민 간장을 꼭 짜준다.

6 **된장 바르기와 장아찌 내기** 물기를 닦아낸 용기에 머위잎을 넣고 각 장마다 된장을 바른다. 이 과정을 반복해서 켜켜이 쌓은 뒤 밀봉해서 저장한다. 한 달 후 양념하여 무쳐 낸다.

한마디 머위대의 껍질을 벗기고 나면 손톱 밑이 새카맣게 변해 있다. 머위대를 찬물에 담근 채 껍질을 벗기면 껍질도 잘 벗겨지고, 손끝과 손톱이 새카 맣게 물들지 않는다.

재료 20인분

머위 1kg
산야초 발효 효소(맛간장용) 1컵

된장 된장 6컵 , 산야초 발효 효소 1컵, 조청(물엿) 1컵

맛간장 간장 3컵, 쌀뜨물 1.5컵, 감식초 1컵, 조청(물엿) 1컵, 소주 1/2컵, 마른고추 3개, 청량고추 1개, 통후추 5g, 다시마 1잎, 대파 1대, 월계수잎 2잎

양념 맛간장 1컵, 소주 3큰술, 조청(물엿) 2큰술, 산야초 발효 효소 1큰술, 식초 2큰술

머위

특징 우리나라 각처 산지의 습기가 많은 곳이나 집 주변에서 재배되는 다년생 초본이다. 키는 5~45cm이고, 잎은 지름이 15~30cm로 표면에 구부러진 털이 있으나 자라면서 없어지며, 가장자리에 불규칙한 치아 모양의 톱니가 있으며, 둥글면서 심장 모양으로 생겼다. 꽃은 지름이 0.7~1cm로 여러 개가 뭉쳐서 달리고 포가 밑부분을 둘러싸고 있다. 열매는 6월경에 길이가 약 0.3cm, 지름은 0.5mm 정도 되고 원통형이며 백색으로 된 깃털이 달린다.

효능 거담, 진해, 해독 작용, 골다공증 예방, 변비 예방
이용 부위 꽃, 줄기, 잎
식용
  잎 – 쌈, 무침, 절임, 조림, 나물, 장아찌, 녹즙, 샐러드
  꽃 – 피기 전에 꽃봉오리째 뜯어 데쳐서 무침, 튀김으로 먹는다.
채취 시기 4~5월
포인트 들깨즙을 넣어 조리하면 맛이 부드러워지고 영양학적으로 좋다.

목화잎 된장 장아찌

레시피

재료 20인분

목화잎 1kg
산야초 발효 효소(맛간장용) 1컵
소금물(물 10컵, 소금 0.7컵)

된장 된장 6컵, 산야초 발효 효
소 1컵, 조청(물엿) 1컵

양념 산야초 발효 효소 적당량,
다진 파, 다진 마늘, 설탕, 깨소
금, 참기름 적당량

1 **목화잎 말리기** 여린 목화잎을 깨끗이 손질하여 끓는 물에 소금을 넣고 파랗게 살짝 데친 후 찬물에 헹궈 물기를 제거하고 채반에 널어 꾸덕꾸덕해질 때까지 말린다.

2 **목화잎 실로 묶기** 목화잎을 차곡차곡 포개어 한 끼 먹을 양을 실로 묶는다.

3 **된장에 묻어 두기** 저장 용기 밑에 된장을 깔고 **2**를 펼쳐놓은 다음 된장을 목화잎 위에 얇게 펴서 덮는다. 이렇게 여러 차례 반복하고 맨 위에는 된장을 넉넉히 덮는다. 한 달 정도 지나면 간이 배이므로 꺼내어 먹으면 된다.

4 **장아찌 내기** 된장에 박은 것을 그냥 먹기도 하지만 양념에 무쳐 재었다 내면 짠맛이 감소되어 다른 맛을 느낄 수 있다.

 목화 열매는 잼과 젤리를 만들어 먹기도 한다.

 목화

특징 무궁화과의 한해살이 식물로 줄기는 높이가 60cm에 달하며 가지가 다소 갈라진다. 잎은 어긋나있고 3~5개의 손바닥 모양으로 갈라지며 열편 끝이 뾰족하다. 꽃잎은 5개가 기와 모양으로 나열되고 연한 황색 바탕에 밑부분이 흑적색이며 수술이 많다. 10월에 열매가 익는데 열매인 삭과는 포로 싸여 있으며, 그 열매가 5갈래로 퍼지면서 그 안에서 씨앗과 씨앗을 싸고 있는 솜털이 드러난다. 계란형의 원형이다.

효능 최유(젖을 잘 나오게 함), 눈썹을 검게 함, 치아, 이질, 설사

이용 부위 종자, 잎

식용 기름, 장아찌, 나물, 튀김

채취 시기 가을

포인트 열매는 당, 비타민, 미네랄이 함유되어 있으며 단맛이 난다.

무화과 고추장 장아찌

레시피

1 **무화과 말리기** 무화과는 덜 익은 것을 골라 소금물로 씻은 다음 껍질이 약간 꾸덕꾸덕해질 때까지 말린다.

2 **고추장에 버무리기** 무화과를 고추장에 버무린다.

3 **저장 용기에 담기** 2를 저장 용기에 꼭꼭 눌러서 담고 위에는 고추장을 넉넉히 덮는다.

4 **장아찌 내기** 한 달 후 간이 배면 장아찌에 양념을 해서 낸다.

 한마디 무화과는 껍질을 벗겨 중탕하여 물을 우려낸 후 설탕을 넣어 식혀 잣을 올려 화채로 먹는다.

무화과 1kg
소금물(물 10컵, 소금 1컵)

고추장 고추장 10컵, 산야초 발효 효소 1컵, 조청(물엿) 0.5컵

양념 산야초 발효 효소 0.5컵, 조청(물엿) 0.5컵, 다진 파 적당량, 다진 마늘 약간, 깨소금 약간, 참기름 적당량, 고춧가루 약간

 무화과

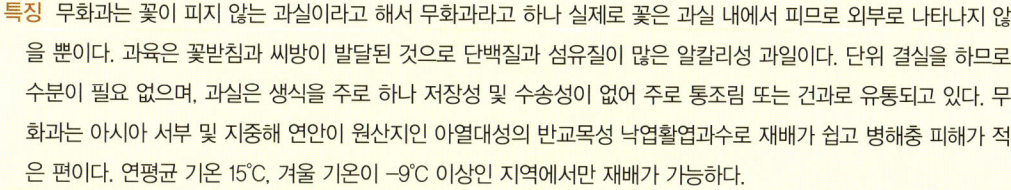

특징 무화과는 꽃이 피지 않는 과실이라고 해서 무화과라고 하나 실제로 꽃은 과실 내에서 피므로 외부로 나타나지 않을 뿐이다. 과육은 꽃받침과 씨방이 발달된 것으로 단백질과 섬유질이 많은 알칼리성 과일이다. 단위 결실을 하므로 수분이 필요 없으며, 과실은 생식을 주로 하나 저장성 및 수송성이 없어 주로 통조림 또는 건과로 유통되고 있다. 무화과는 아시아 서부 및 지중해 연안이 원산지인 아열대성의 반교목성 낙엽활엽과수로 재배가 쉽고 병해충 피해가 적은 편이다. 연평균 기온 15℃, 겨울 기온이 −9℃ 이상인 지역에서만 재배가 가능하다.

효능 항암, 소염, 지혈, 해독, 혈압 강화, 건위, 자양, 변비, 활력 회복, 부인병

이용 부위 열매, 잎

식용 젤리, 과실주, 주스, 식초, 잼, 건과

채취 시기 **열매** − 여름(8~9월)

포인트 무화과 껍질에는 폴리페놀이 함유되어 있어 노화를 늦추는 항산화 효과가 있을 뿐 아니라 항균 작용, 소화 촉진, 변비 해결에도 도움을 준다. 과실액에서 나오는 하얀 진액은 환부에 바르면 치료 효과가 좋다.

방풍 간장 장아찌

레시피

 **재료** 20인분

1 방풍 손질하기 방풍은 깨끗이 다듬어 6~7% 염도의 소금물에 30분 정도 담가 두었다가 찬물에 헹군 후 채반에 올려 바람이 잘 통하는 그늘에서 꾸덕꾸덕해질 때까지 말린다.

2 맛간장 만들기 분량의 준비된 재료를 넣고 끓인 후 간장만 따라 내어 식힌다.

3 맛간장 붓기 저장 용기의 물기를 없앤 뒤 **1**의 방풍을 담고 맛간장을 붓는다.

4 두 번 더 맛간장 끓여 붓기 3일, 10일째 되는 날 맛간장을 따라 내고 다시 끓여 식힌 후 맛간장을 붓는다. 마지막 맛간장을 부을 때는 분량의 산야초 발효 효소를 섞는다.

5 장아찌 꺼내기 한 달 후 간이 배면 장아찌를 꺼내 먹는다.

 한마디 채소를 소금에 절인 경우 짠 물기를 뺀 뒤 다시 헹궈서 물기를 제거한 다음 장아찌를 만든다.

방풍 1kg
산야초 발효 효소(맛간장용) 2컵
소금물(물 10컵, 소금 1컵)

맛간장 간장 4컵, 쌀뜨물 1.5컵, 감식초 1컵, 조청(물엿) 1.5컵, 소주 1/2컵, 마른고추 3개, 청량고추 1개, 통후추 5g, 다시마 1잎, 대파 1대, 월계수잎 2잎

 ## 방풍(갯기름 나물)

특징 방풍(갯기름 나물)은 우리나라 남부와 경상북도 해변에 자라는 다년생 초본이다. 키는 60~100cm이고, 잎은 길이가 3~6cm이며 3개로 갈라지고 회록색이다. 꽃은 흰색으로 줄기 끝이나 가지 끝에 10~20개의 작은 꽃줄기들이 갈라져 그 끝에 20~30개의 꽃이 달린다. 열매는 9월경에 타원형으로 달린다.

효능 풍, 두통, 해열, 발한 작용, 항암, 자양강장, 감기, 기침

이용 부위 뿌리, 잎

식용 어린순을 나물로 먹으며 가을에 토황색 띤 뿌리를 채취하여 햇볕에 말려 잘게 썰어 두었다가 흰쌀로 죽을 쑬 때 방풍을 섞어 끓여 방풍죽을 끓여 먹기도 한다.

채취 시기 뿌리 – 가을

배초향 간장 / 고추장 장아찌

배초향 간장 장아찌 레시피

1 배초향 말리기 배초향은 깨끗이 다듬어 소금물에 20분 정도 담근 후 찬물에 헹궈 채반에 널어 꾸덕꾸덕해질 때까지 말린다.

2 맛간장 만들기 분량의 맛간장 재료를 넣고 끓여서 건더기만 건져 내고 간장은 식힌 후 산야초 발효 효소를 섞는다.

3 맛간장 붓기 저장 용기의 물기를 없앤 뒤 배초향을 담고 맛간장을 붓는다.

4 두 번 더 맛간장 끓여 붓기 3일, 10일째 되는 날 맛간장을 따라 내고 다시 끓여 식힌 후 맛간장을 다시 붓는다. 마지막 맛간장을 부을 때는 분량의 산야초 발효 효소를 섞는다.

5 장아찌 내기 마지막으로 맛간장을 붓고 나서 일주일 후부터 먹기 시작한다.

재료 20인분

배초향 1kg
산야초 발효 효소(맛간장용) 2컵

맛간장 간장 3컵, 쌀뜨물 1.5컵, 감식초 1컵, 조청(물엿) 1컵, 소주 1/2컵, 마른고추 3개, 청량고추 1개, 통후추 5g, 다시마 1잎, 대파 1대, 월계수잎 2잎, 산야초 발효 효소 1컵

배초향 고추장 장아찌 레시피

1 배초향 말리기 배초향은 흐르는 물에 깨끗이 씻은 후 물기를 제거해 놓는다.

2 맛간장 만들기 분량의 맛간장 재료를 넣고 끓여서 건더기만 건져 내고 간장은 식힌 후 산야초 발효 효소를 섞는다.

3 맛간장에 절이기 1의 배초향에 완성된 맛간장을 붓고 일주일 정도 절인다.

4 장아찌 내기 맛간장을 빼고 나서 고추장을 넣고 1~2개월 저장한 후 숙성되면 꺼내어 여분의 고추장은 훑어 내고 양념에 무쳐 낸다.

한마디 배초향은 너무 많이 섭취할 경우 설사 증세가 나타날 수 있으므로 주의한다.

재료 20인분

배초향 1kg
산야초 발효 효소(맛간장용) 2컵
소금물(물 10컵, 소금 0.7컵)

고추장 고추장 6컵, 산야초 발효 효소 1컵, 조청(물엿) 0.5컵

맛간장 간장 1컵, 쌀뜨물 1.5컵, 감식초 1컵, 조청(물엿) 1컵, 소주 1/2컵, 마른고추 3개, 청량고추 1개, 통후추 5g, 다시마 1잎, 대파 1대, 월계수잎 2잎

양념 산야초 발효 효소 0.5컵, 조청(물엿) 0.5컵, 다진 파 약간, 다진 마늘 약간, 깨소금 약간, 참기름 적당량, 고춧가루 약간

비름나물 고추장 장아찌

레시피

 **재료** 20인분

1 **비름나물 손질하기** 비름나물은 흐르는 물에 깨끗이 씻은 후 물기를 제거한다.

2 **맛간장 만들기** 분량의 맛간장 재료를 넣고 끓여서 건더기는 건져 내고 간장만 식힌 후 산야초 발효 효소를 섞는다.

3 **맛간장 붓기** 비름나물을 저장 용기에 담고 맛간장과 생강을 넣고 돌로 눌러 둔다.

4 **양념된 비름 말리기** 일주일 뒤에 비름만 건져 간장을 짜낸 뒤 다시 채반에 널어 꾸덕꾸덕하게 될 때까지 말린다.

5 **용기에 담기** 고추장 양념을 만들고, 양념의 절반을 **4**와 골고루 섞어 용기에 담은 뒤 꾹꾹 눌러 준다. 남은 절반의 양념을 위에 덮고 그 위에 소금을 뿌려 서늘한 곳에 보관한다.

6 **장아찌 내기** 1개월 정도 지난 후 꺼내 양념하여 낸다.

비름나물 1kg
산야초 발효 효소(맛간장용) 1컵
소금 약간
생강 1톨

고추장 고추장 6컵, 산야초 발효 효소 1컵, 조청(물엿) 0.5컵

맛간장 간장 3컵, 쌀뜨물 1.5컵, 감식초 1컵, 조청(물엿) 1컵, 소주 1/2컵, 마른고추 3개, 청량고추 1개, 통후추 5g, 다시마 1잎, 대파 1대, 월계수잎 2잎

양념 산야초 발효 효소, 고춧가루, 참기름, 깨소금, 다진마늘, 다진파 적당량씩

 한마디 사각거리면서도 약간 미끄덩한 느낌이 나는 장아찌이나 생강으로 미끄덩한 느낌의 맛을 감소시킨다.

 ### 비름나물

특징 줄기는 높이 약 1m 정도로 곧게 자라며 가지가 드문드문 갈라진다. 어긋나게 달리는 잎은 네모지거나 세모진 넓은 난형으로 가장자리가 밋밋하며 녹색을 띤다. 7월에 잎겨드랑이에서 원뿔 꽃차례로 모여 달리고 원줄기 끝에서는 수상 꽃차례로 달린다. 난형의 포는 끝이 뾰족하고 꽃받침 잎은 3갈래로 갈라진다. 수술 3개, 암술 1개로 암술대는 3개로 갈라진다. 개과인 열매는 안에 암갈색의 종자가 1개씩 들어 있다.

효능 지혈, 살균, 해독, 자궁 수축, 칼슘 보충

이용 부위 잎, 줄기, 씨, 뿌리

식용 나물, 즙, 장떡

채취 시기 어린순, 줄기 – 봄~늦여름

포인트 잎 속에 들어 있는 수은은 중독의 위험성이 있다. 다만, 수은은 휘발성이 강하므로 삶아서 먹으면 그 잔류량이 현저히 떨어지게 된다. 비름에 부족한 지방산을 보충해 줄 수 있는 참기름과 함께 섭취하면 좋다.

뽕잎 간장 장아찌

레시피

재료 20인분

뽕잎 1kg
산야초 발효 효소(맛간장용) 2컵
소금물(물 10컵, 소금 0.5컵)

맛간장 간장 3컵, 쌀뜨물 1.5컵,
감식초 1컵, 조청(물엿) 1컵, 소주
1/2컵, 마른고추 3개, 청량고추
1개, 통후추 5g, 다시마 1잎, 대
파 1대, 월계수잎 2잎

1 뽕잎 손질하기 3~4% 염도의 소금물에 뽕잎을 넣고 돌로 눌러 3일 정도 삭힌 후 찬물에 헹궈 채반에 널어 꾸덕꾸덕해질 때까지 말린다.

2 맛간장 만들기 분량의 맛간장 재료를 넣고 끓여서 건더기는 건져 내고 간장만 식힌다.

3 맛간장 붓기 1의 뽕잎을 항아리에 담고 맛간장을 부은 뒤 무거운 것을 올려 뽕잎이 맛간장에 충분히 잠기도록 한다.

4 두 번 더 맛간장 끓여 붓기 3일, 10일째 되는 날 맛간장을 따라 내고 다시 끓여 식힌 후 맛간장을 붓는다. 마지막 맛간장을 부을 때는 분량의 산야초 발효 효소를 섞는다.

5 장아찌 내기 마지막으로 맛간장을 붓고 나서 일주일 후부터 먹기 시작한다.

 한마디 장아찌를 담글 때는 수분이 빠지도록 채반에 널어 그늘에서 꾸덕꾸덕해질 때까지 말려서 써야 장이 싱거워지지 않는다.

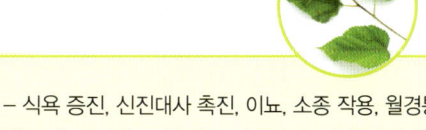 **뽕잎**

특징 표면은 느낌이 거칠고 뒷면 맥 위에 털이 있다. 잎자루에도 털이 덮인다. 암수딴그루로 6월에 새로운 가지의 잎겨드랑이에 꽃이 달린다. 수꽃이삭은 이삭 모양의 꽃차례로 달리고, 암꽃이삭은 넓은 타원형으로 암술대가 거의 없고 암술머리가 2개로 갈라진다. 열매는 구형으로 6월에 붉은색에서 검은색으로 익는데 열매가 익은 후에는 암술대가 거의 보이지 않는다. 잎을 자르면 흰 액이 나오며 열매를 '오디'라 하여 식용한다.

효능

가지 – 부종, 풍습 제거, 지통, 각기병

잎 – 식욕 증진, 신진대사 촉진, 이뇨, 소종 작용, 월경통
열매(오디) – 변비, 보혈 작용, 자양강장, 장염, 만성간염
뿌리 – 소염성 이뇨, 해열, 진해, 기관지염
이용 부위 꽃, 잎, 가지, 뿌리, 열매
식용 나물, 차, 약술, 즙, 잼, 죽
채취 시기 **잎** – 가을, **뿌리** – 4계절, **꽃** – 4~6월
포인트 5월 하순 이전에 채취한 뽕잎일수록 몸에 좋은 성분이 다량 함유되어 있다.

산딸나무잎 고추장 장아찌

레시피

재료 20인분

산딸나무잎 1kg
소금물(소금 1컵, 물 10컵)

고추장 고추장 6컵, 산야초 발효 효소 1컵, 조청(물엿) 0.5컵

양념 산야초 발효 효소 0.5컵, 조청(물엿) 0.5컵, 다진 파 약간, 다진 마늘 약간, 깨소금 약간, 고춧가루 약간, 참기름 약간

1 산딸나무잎 말리기 산딸나무잎은 깨끗이 다듬어 끓는 물에 파랗게 살짝 데쳐 찬물에 헹궈 건진 후 채반에 올려 꾸덕꾸덕해질 때까지 말린다.

2 산딸나무잎 고추장에 넣기 베보자기나 삼베에 산딸나무잎을 싸서 고추장에 넣어 둔다.

3 장아찌 내기 산딸나무잎이 장아찌로 익으면 꺼내어 양념을 기호에 맞게 넣어 무쳐 낸다.

 산딸나무를 생선 조릴 때 넣으면 비린내가 없어진다.

 산딸나무

특징 산딸나무는 황해도 이남 산지의 나무숲 속에 자라는 낙엽관목이다. 키는 7~12m이고, 잎은 달걀 또는 둥근 모양으로 가장자리는 물결 모양의 굴곡으로 되어 있다. 꽃은 꽃자루가 없으며, 작은 가지 끝에 20~30개가 하늘을 향해 피고, 길이는 3~8cm, 나비는 2~3cm로 백색이며 꽃잎처럼 보인다. 열매는 10월에 적색으로 익으며 둥글고, 종자를 둘러싸고 있는 껍질은 육질이 달고 식용이 가능하다.

효능 수렴, 지혈 작용, 이질

이용 부위 꽃, 잎, 열매

식용 술, 차

채취 시기 꽃, 잎 – 6월(꽃 : 연한 황색), **열매** – 10월(적색)

포인트 여름에 꽃과 잎을 따서 그늘에 말려 쓰고, 가을에 열매를 따서 햇볕에 말려서 쓴다.

부추열매 고추장 장아찌

레시피

재료 20인분

부추열매 1kg

고추장 고추장 6컵, 산야초 발효 효소 1컵, 조청(물엿) 0.5컵

1 **부추열매 쪄서 말리기** 부추열매는 깨끗이 다듬어 김이 오른 찜솥에 살짝 쪄서 꺼낸 후 채반에 올려 꾸덕꾸덕해질 때까지 말린다.

2 **부추열매 고추장에 넣기** 베보자기나 삼베에 부추열매를 싸서 고추장에 넣어 둔다.

3 **장아찌 내기** 부추열매가 장아찌로 익으면 꺼내어 고춧가루와 참기름, 마늘 등 기호에 맞도록 양념에 무쳐 낸다.

 부추

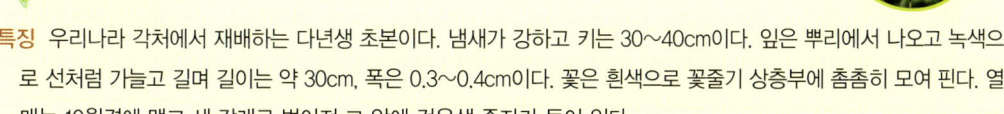

특징 우리나라 각처에서 재배하는 다년생 초본이다. 냄새가 강하고 키는 30~40cm이다. 잎은 뿌리에서 나오고 녹색으로 선처럼 가늘고 길며 길이는 약 30cm, 폭은 0.3~0.4cm이다. 꽃은 흰색으로 꽃줄기 상층부에 촘촘히 모여 핀다. 열매는 10월경에 맺고 세 갈래로 벌어져 그 안에 검은색 종자가 들어 있다.

효능 소화 불량, 두통, 감기, 건위, 구취, 부종, 치통, 이질, 혈액 순환

이용 부위 전초

식용 나물, 차, 추어탕 · 생선찌개 · 탕 · 찜의 양념, 부침개, 겉절이, 김치

채취 시기 꽃 – 8~9월, **줄기 · 잎** – 9월 말, **종자** – 10월

효소 만들기 부추는 깨끗이 다듬어 물기를 제거 한 후 소독된 용기에 담아 흑설탕과 재료를 1:1로 섞어 숙성시킨다. 흑설탕이 녹을 때까지 가끔 저어 준다. 한 달 정도 지나면 건더기는 건져 내고 효소만 용기에 담아, 한 달 더 숙성시킨 후 사용한다.

포인트 꿀, 대추, 쇠고기와 함께 섭취하면 안 된다.

산마늘(명이) 간장 장아찌

레시피

재료 20인분

1 산마늘 손질하기 산마늘을 한 장씩 깨끗이 씻은 다음 차곡차곡 포개어 6~7% 염도의 소금물에 담갔다가 30분 후에 꺼낸다.

2 소금물 제거하기 꺼낸 산마늘은 찬물에 한 번 씻어 소금물을 꼭 짜서 물기가 마를 때까지 바람이 통하는 그늘에서 말린다.

3 맛간장 만들기 분량의 맛간장 재료를 넣고 끓여서 건더기는 건져 내고 간장만 식힌다.

4 맛간장 붓기 저장 용기의 물기를 없앤 뒤 **1**의 산마늘을 담고 맛간장을 붓는다.

5 두 번 더 맛간장 끓여 붓기 3일, 10일째 되는 날 맛간장을 따라 내고 다시 끓여 식힌 후 맛간장을 붓는다. 마지막 맛간장을 부을 때는 분량의 산야초 발효 효소를 섞는다.

6 장아찌 내기 마지막 간장을 붓고 서늘한 그늘에서 2~3개월 후부터 먹기 시작한다.

산마늘(명이) 1kg
산야초 발효 효소(맛간장용) 3컵
소금물(물 10컵, 소금 1컵)

맛간장 간장 4컵, 쌀뜨물 1.5컵, 감식초 1컵, 조청(물엿) 1컵, 소주 0.5컵, 마른고추 3개, 청량고추 1개, 통후추 5g, 다시마 1잎, 대파 1대, 월계수잎 2잎

산마늘

특징 산마늘은 지리산, 설악산, 울릉도의 숲 속이나 우리나라 북부에서 자라는 다년생 초본이다. 키는 25~40cm이고, 잎은 2~3장이 줄기 밑에 붙어서 난다. 잎은 약간 흰빛을 띤 녹색으로, 길이는 20~30cm, 폭은 3~10cm가량이다. 꽃은 줄기 꼭대기에서 흰색으로 뭉쳐서 피며 둥글다. 보통의 마늘과 다른 점은 산마늘의 경우 잎을 주로 식용 부위로 사용한다는 것이고 전체에서 마늘 냄새가 난다는 것이다. 뿌리는 한 줄기로 되어 있기 때문에 다른 마늘과도 쉽게 구분이 가능하다.

효능 항산화, 건위, 해독, 소화 불량, 구충, 이뇨, 강장, 시력 강화, 변비

이용 부위 전초, 뿌리, 꽃

식용 나물, 쌈, 장아찌, 국

냄새가 보통 마늘보다 강하기 때문에 잘라서 물에 담가 살짝 데쳐서 알뿌리는 용기에 담아 냉장고에 보관하여 일 년 내내 먹는다.

채취 시기 **전초** – 봄, **뿌리** – 1년 내내, **꽃** – 여름

포인트 꽃이 피면 독성이 생기고 쓴맛이 나므로 꽃 피기 전의 것을 식용하는 것이 좋다.

생강잎 고추장 장아찌

레시피

재료 20인분

1 생강잎 말리기 생강잎은 깨끗이 다듬어 끓는 물에 데쳐서 미리 만들어진 맛간장에 하루 정도 재웠다가 채반에 널어 그늘에서 꾸덕꾸덕하게 말린다.

2 맛간장 만들기 분량의 맛간장 재료를 넣고 끓여서 건더기는 건져 내고 간장만 식힌다.

3 맛간장 붓기 저장 용기의 물기를 없앤 뒤 **1**의 생강잎을 담고 맛간장을 붓는다.

4 두 번 더 맛간장 끓여 붓기 3일, 10일째 되는 날 맛간장을 따라 내고 다시 끓여 식힌 후 맛간장을 붓는다. 마지막 맛간장을 부을 때는 분량의 산야초 발효 효소를 섞는다.

5 고추장 박기 한 달이 지난 후 간장을 제거한 생강잎에 고추장을 버무려 저장한다.

6 양념 버무려 내기 한 달 후 맛이 들면 먹을 만큼만 꺼내어 양념에 무쳐 낸다.

 한마디 장아찌는 항아리에 꼭꼭 눌러 담고 고추장을 덮은 뒤 냉장 보관한다.

생강잎 1kg
맛간장 5컵
산야초 발효 효소(맛간장용) 2컵

고추장 고추장 6컵, 산야초 발효 효소 1컵, 조청(물엿) 0.5컵

맛간장 간장 3컵, 쌀뜨물 1.5컵, 감식초 1컵, 조청(물엿) 1컵, 소주 1/2컵, 마른고추 3개, 청량고추 1개, 통후추 5g, 다시마 1잎, 대파 1대, 월계수잎 2잎

양념 고추장, 산야초 발효 효소, 조청(물엿), 다진 파 약간, 다진 마늘 약간, 깨소금 약간, 참기름, 고춧가루 각각 적당량씩

 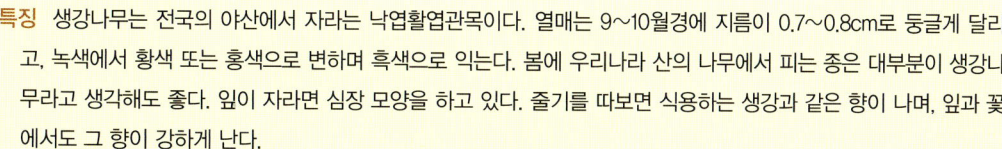

생강

특징 생강나무는 전국의 야산에서 자라는 낙엽활엽관목이다. 열매는 9~10월경에 지름이 0.7~0.8cm로 둥글게 달리고, 녹색에서 황색 또는 홍색으로 변하며 흑색으로 익는다. 봄에 우리나라 산의 나무에서 피는 종은 대부분이 생강나무라고 생각해도 좋다. 잎이 자라면 심장 모양을 하고 있다. 줄기를 따보면 식용하는 생강과 같은 향이 나며, 잎과 꽃에서도 그 향이 강하게 난다.

효능 냉증, 건위, 해열, 산후풍, 통증 완화

이용 부위 꽃봉오리, 잎, 열매, 잔가지, 줄기(껍질), 뿌리

식용 나물, 쌈, 튀김, 차, 장아찌, 달걀말이, 전, 약주

채취 시기 **꽃봉오리(피기 전)** – 이른 봄, **잔가지·뿌리** – 가을~봄

상수리잎 된장 장아찌

레시피

1 상수리잎 손질하기 상수리잎은 깨끗이 다듬은 후 끓는 물에 소금을 넣고 데쳐 찬물에 반나절 떫은맛을 우려낸 다음 소금물에 20분간 담가 찬물에 헹궈 채반에 올려 꾸덕꾸덕해질 때까지 말린다.

2 된장 바르기 말린 상수리잎에 된장을 한 장씩 발라 차곡차곡 용기에 담은 후 뚜껑을 덮어 준다.

3 된장에 재어 두기 한 달 정도 된장에 재어 두었다가 소량씩 꺼내 먹으면 된다.

 한마디 열매인 도토리에는 떫은맛을 내는 성분이 들어 있으므로 여러번 물에 우려내서 건조하여 분말로 만들어 묵이나 죽으로 요리한다.

상수리잎 1kg
소금물(소금 1컵, 물 10컵)

된장 된장 6컵, 산야초 발효 효소 1컵, 조청(물엿) 1컵

 ## 상수리

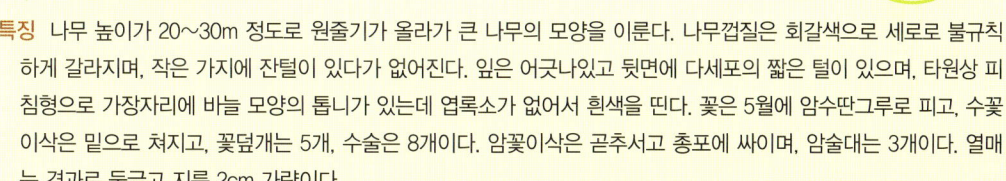

특징 나무 높이가 20~30m 정도로 원줄기가 올라가 큰 나무의 모양을 이룬다. 나무껍질은 회갈색으로 세로로 불규칙하게 갈라지며, 작은 가지에 잔털이 있다가 없어진다. 잎은 어긋나있고 뒷면에 다세포의 짧은 털이 있으며, 타원상 피침형으로 가장자리에 바늘 모양의 톱니가 있는데 엽록소가 없어서 흰색을 띤다. 꽃은 5월에 암수딴그루로 피고, 수꽃 이삭은 밑으로 쳐지고, 꽃덮개는 5개, 수술은 8개이다. 암꽃이삭은 곧추서고 총포에 싸이며, 암술대는 3개이다. 열매는 견과로 둥글고 지름 2cm 가량이다.

효능
  열매 – 탈항, 치질
  깍정이 – 수렴, 지혈, 장풍, 하혈
  줄기 껍질 – 나력, 악창
이용 부위 열매, 줄기 껍질, 잎
식용 도토리묵, 장아찌
채취 시기 5월
포인트 가을에 열매를 따서 햇볕에 말려 껍질을 제거한 후에 쓴다. 도토리에는 풍부한 전분과 떫은맛을 내는 탄닌, 유지방과 쿠에르사이트린 등 여러 성분이 함유되어 있어 식품과 약용으로 함께 쓰인다.

소루쟁이 고추장 장아찌

레시피

재료 20인분

소루쟁이 1kg
소금 약간

고추장 고추장 6컵, 산야초 발효 효소 1컵, 조청(물엿) 0.5컵

양념 조청(물엿), 고춧가루 1/2컵, 산야초 발효 효소, 깨소금, 다진 마늘, 참기름 적당량씩

1 **소루쟁이 말리기** 소루쟁이는 깨끗이 다듬어 소금을 넣고 살짝 데친다. 통풍이 잘 되는 그늘에 널어 꾸덕꾸덕하게 말린다.

2 **고추장에 박기** 말린 소루쟁이를 고추장에 박는다.

3 **양념장에 버무려 내기** 장아찌가 맛이 들면 먹을 양만 꺼내어 양념장에 무쳐 낸다.

 생것을 살짝 데쳐서 김치 양념을 버무려 김치처럼 먹어도 좋다.

소루쟁이

특징 줄기는 30~80cm 높이로 곧게 자라며 자줏빛이 돈다. 뿌리잎은 피침 모양으로 물결처럼 구불거리며 잎자루가 길다. 어긋나게 달리는 줄기잎은 양끝이 좁은 긴 피침형이다. 6~7월에 연한 녹색의 꽃이 원뿔 꽃차례로 층층이 달린다. 6개의 화피열편과 수술이 있고 3개의 화주가 있다. 열매는 수과로 세모지며 내화피로 싸여 있고 밤색으로 익는다. 우리나라 전국 각지에서 자라며 흔히 습지나 길가 빈터의 습한 곳에서 생육한다.

효능 지혈, 이뇨, 해독, 통변, 살균, 방광염, 통변

이용 부위 뿌리, 잎

식용 쌈, 찌개, 볶음, 튀김, 나물, 부침개

채취 시기 **뿌리** – 여름~가을

효소 만들기 가을에 뿌리를 캐거나 겨울 지나고 잎이 무성해지기 전에 뿌리, 줄기, 잎을 채취해서 발효액에 담근다. 뿌리를 잘 씻어 물기를 빼고 잘게 잘라서 동량의 흑설탕과 함께 용기에 넣어 밀봉하고 그늘진 곳에 1년 정도 발효시킨다.

포인트 소루쟁이에는 초산 성분이 다량 함유되어 있어 한꺼번에 지나치게 많이 먹으면 오히려 소변이 안 나오거나 위장 장애를 일으켜 피부염에 걸릴 수도 있다.

쇠비름 간장 장아찌

레시피

1 쇠비름 말리기 쇠비름은 끓는 물에 소금을 넣고 살짝 데쳐 헹군 뒤 채반에 널어 꾸덕꾸덕하게 말린다.

2 맛간장 만들기 분량의 맛간장 재료를 넣고 끓여서 건더기만 건져 내고 장은 식힌다.

3 맛간장 붓기 용기에 쇠비름을 넣고 맛간장을 부어 재료가 떠오르지 않도록 무거운 것으로 눌러 놓는다.

4 두 번 더 맛간장 끓여 붓기 3일, 10일째 되는 날 맛간장을 따라 내고 다시 끓여 식힌 후 맛간장을 붓는다. 마지막 맛간장을 부을 때는 분량의 산야초 발효 효소를 섞는다.

5 장아찌 내기 먹을 만큼만 꺼내서 갖은 양념에 무쳐 낸다.

 한마디 쇠비름은 생것은 잘 마르지 않으므로 데쳐서 말려야 한다. 말린 것을 조금씩 꺼내 물에 불려 조리하여 먹는다.

 **재료** 20인분

쇠비름 1kg
산야초 발효 효소(맛간장용) 2컵
소금 약간

맛간장 간장 3컵, 쌀뜨물 1.5컵, 감식초 1컵, 조청(물엿) 1컵, 소주 1/2컵, 마른고추 3개, 청량고추 1개, 통후추 5g, 다시마 1잎, 대파 1대, 월계수잎 2잎

양념 다진 파 약간, 다진 마늘 약간, 산야초 발효 효소 약간, 소금 약간, 참기름 적당량

 쇠비름

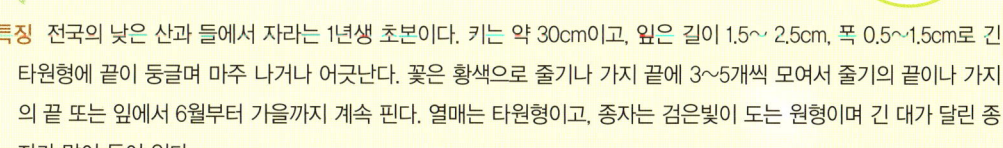

특징 전국의 낮은 산과 들에서 자라는 1년생 초본이다. 키는 약 30cm이고, 잎은 길이 1.5∼2.5cm, 폭 0.5∼1.5cm로 긴 타원형에 끝이 둥글며 마주 나거나 어긋난다. 꽃은 황색으로 줄기나 가지 끝에 3∼5개씩 모여서 줄기의 끝이나 가지의 끝 또는 잎에서 6월부터 가을까지 계속 핀다. 열매는 타원형이고, 종자는 검은빛이 도는 원형이며 긴 대가 달린 종자가 많이 들어 있다.

효능 지혈, 살균, 양혈, 해독 작용, 저혈압, 만성대장염, 혈뇨, 방광염, 신우신염

이용 부위 꽃, 전초, 줄기, 열매, 뿌리

식용 나물, 볶음, 조림, 샐러드, 생식

채취 시기 여름∼가을

효소 만들기 발효액을 만들 때 돌나물을 함께 이용하면 좋다. 돌나물은 부드러운 약성을 갖고 있고 쇠비름은 강하고 공격적인 약성을 갖고 있다. 이렇게 상이한 두 식물을 동량으로 배분하여, 보통 5월에 줄기를 채집하여 발효액을 만든다.

포인트 자라 고기와 함께 먹어서는 안 된다.

수수잎 간장 장아찌

레시피

1 수수잎 손질하기 수수잎은 깨끗이 손질하여 끓는 물에 살짝 데쳐 헹구지 말고 바로 채반에 넣어 꾸덕꾸덕해질 때까지 말린다.

2 맛간장 만들기 분량의 맛간장 재료를 넣고 끓여서 건더기는 건져 내고 간장만 식힌다.

3 맛간장 붓기 **1**의 수수잎을 저장 용기에 눌러 담고 맛간장을 붓는다.

4 두 번 더 맛간장 끓여 붓기 3일, 10일째 되는 날 맛간장을 따라 내고 다시 끓여 식힌 후 맛간장을 붓는다. 마지막 맛간장을 부을 때는 분량의 산야초 발효 효소를 섞는다.

5 맛 더하기 이때 간을 보고 싱거우면 소금을 더 넣어도 되고 신맛과 단맛은 감식초와 산야초 발효 효소로 맞추면 된다.

6 장아찌 내기 2~3개월 뒤 먹을 만큼만 덜어서 먹는다.

 향이 강한 나물류의 장아찌는 너무 짜지 않게 담그는 것이 맛있다.

 **재료** 20인분

수수잎 1kg
산야초 발효 효소(맛간장용) 2컵
감식초 1컵
산야초 발효 효소 1컵
소금물 약간

맛간장 간장 3컵, 쌀뜨물 1.5컵, 감식초 1컵, 조청(물엿) 1컵, 소주 1/2컵, 마른고추 3개, 청량고추 1개, 통후추 5g, 다시마 1잎, 대파 1대, 월계수잎 2잎

 **수수**

특징 재배하는 한해살이풀로 줄기 속은 비어 있지 않고 꽉 차 있으며, 마디가 뚜렷하다. 잎은 서로 어긋나 있으며, 처음에는 잎과 줄기 모두 녹색이지만, 점점 적갈색으로 변해간다. 큰 원뿔 꽃차례에 많은 꽃이 빽빽하게 나 있다. 수수는 고온, 다습을 좋아하고, 내건성이 강하여 열대와 그에 준하는 건조 지대에서 가장 많이 재배된다.

효능 수유, 자궁 강화

이용 부위 잎, 뿌리, 열매

식용

　열매 – 오곡밥, 떡, 맥주의 원료

　잎 – 장아찌,

　뿌리 – 달여서 약으로 복용

채취 시기 가을

포인트 민간요법 (소·돼지고기를 먹고 체했을 경우)

　1. 뿌리 12~15g을 1회분 기준으로 달여서 3~4회 복용한다. 수수 20~25g을 1회분 기준으로 3~4회 생식한다.

　2. 수수로 밥이나 떡을 해 3~4회 양껏 먹는다.

쑥 된장 장아찌

레시피

재료 20인분

1 쑥 말리기 어린쑥은 손질하여 씻은 후 물기를 제거하여 바람이 잘 통하는 그늘에서 잎 끝이 조금 마를 정도만 말린다.

2 맛간장 만들기 분량의 맛간장 재료를 넣고 끓여서 건더기는 건져 내고 간장만 식힌다.

3 간장 붓기 쑥을 저장 용기에 담고 식힌 맛간장을 부은 뒤 무거운 돌로 눌러 숙성시킨다.

4 두 번 더 맛간장 끓여 붓기 3일, 10일째 되는 날 맛간장을 따라 내고 다시 끓여 식힌 후 맛간장을 붓는다. 마지막 맛간장을 부을 때는 분량의 산야초 발효 효소를 섞는다.

5 장아찌 내기 한 달 뒤에 먹을 만큼만 덜어 된장 또는 양념을 넣고 무쳐 먹는다. 향이 사라질 수 있으므로 참기름은 넣지 않는다.

 한마디 맛이 든 것을 건져서 채반에 펼쳐 물기를 거둔 뒤 고추장에 박아 두었다가 먹으면 또 다른 맛을 즐길 수 있다.

쑥 1kg
산야초 발효 효소(맛간장용) 2컵

된장 된장 6컵, 조청(물엿) 1컵, 산야초 발효 효소 1컵

맛간장 간장 4컵, 쌀뜨물 1.5컵, 감식초 1컵, 조청(물엿) 1컵, 소주 1/2컵, 마른고추 3개, 청량고추 1개, 통후추 5g, 다시마 1잎, 대파 1대, 월계수잎 2잎

양념 된장, 산야초 발효 효소, 통깨 기호에 따라 적당량씩

 **쑥**

특징 뿌리잎과 줄기 밑부분의 잎은 꽃이 필 때 없어진다. 어긋나게 달리는 줄기잎은 타원형으로 우상으로 중앙까지 깊게 갈라진다. 잎은 위쪽으로 올라갈수록 작아져 결국 3개로 갈라진다. 쑥 특유의 향기가 난다. 7~8월 줄기 끝에 원추 화서로 황백색의 머리 모양의 꽃이 한쪽으로 치우쳐 달린다. 한국 원산인 다년생 초본으로 전국 각지의 산이나 들에서 흔하게 자란다. 번식력이 강하고 성장이 매우 왕성하다.

효능 지혈, 부인병, 위장병, 혈액 순환, 이뇨

이용 부위 지상부

식용 떡, 국, 밥, 죽, 튀김, 완자전, 약술, 차

채취 시기 봄~여름

효소 만들기 어린싹의 흙을 털어내고 살짝 씻어 물기를 뺀 후, 유리병에 동량의 흑설탕과 함께 넣어 밀봉하여 발효시킨다. 발효시키는 도중 위와 아래를 간간히 섞어주고 즙액이 충분히 안 나오면 감초, 생강, 대초 달인 물을 조금 넣어 주거나 아래의 건더기 일부를 꽉 짜서 걸러낸 후에 다시 섞어주면 발효가 원활해진다.

포인트 쌀에 부족한 칼슘을 쑥이 보완하므로 쑥떡을 만들어 먹는 것이 좋다. 쑥은 봄부터 가을에 걸쳐 늘 자라지만 약성이 가장 왕성한 5월 단오 전후에 채취하는 것이 좋다.

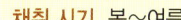

아주까리잎 고추장 장아찌

레시피

1 아주까리잎 말리기 아주까리잎을 깨끗이 씻은 후 소금물에 30분간 담가 두었다가 건져서 꾸덕꾸덕해질 때까지 말린다.

2 맛간장 만들기 분량의 맛간장 재료를 넣고 끓여서 건더기는 건져 내고 간장은 식힌 후 산야초 발효 효소를 섞는다.

3 붓기 맛간장에 말린 아주까리잎은 5~6장씩 묶은 후에 저장 용기에 담고 잠기도록 붓는다.

4 고추장에 박아두기 간장에 한 달 정도 재워 두었다가 간장을 짜낸 후 아주까리잎을 베보자기에 넣어 고추장에 박아 둔다.

5 장아찌 내기 2개월 정도 지나 아주까리잎에 간이 배면 꺼내 여분의 고추장은 훑어 내고 갖은 양념에 무쳐 낸다.

 한마디 아주까리잎은 말려 두면 겨울에 먹기 좋은 나물이며, 쌈이다.

 **재료** 20인분

아주까리잎 1kg
산야초 발효 효소(맛간장용) 2컵
소금물(물 10컵, 소금 1컵)

고추장 고추장 6컵, 산야초 발효 효소 1컵, 조청(물엿) 0.5컵

맛간장 간장 3컵, 쌀뜨물 1.5컵, 감식초 1컵, 조청(물엿) 1컵, 소주 1/2컵, 마른고추 3개, 청량고추 1개, 통후추 5g, 다시마 1잎, 대파 1대, 월계수잎 2잎

양념 산야초 발효 효소 0.5컵, 조청(물엿) 0.5컵, 다진 파 약간, 다진 마늘 약간, 깨소금 약간, 참기름 적당량, 고춧가루 약간

 ## 아주까리(피마자)

특징 대극과의 1년생 초본으로 인도가 원산지며, 고온에서 잘 자란다. 원산지에서는 나무처럼 자라고 다년생 초본이며, 높이 2m 내외 가지는 드문드문 갈라지며 큰 잎은 어긋나게 자라고 잎은 손바닥 모양으로 5~11개로 갈라지며 톱니가 있다. 7~9월에 꽃이 피는데 수꽃은 연한 노란색으로 밑에 달리고 암꽃은 위에 달린다. 10월에 삭과가 여무는데 삭과는 3실로 종자가 1개씩 들어있다. 열매 껍질은 가시가 많이 나고 종자는 타원형이며 암갈색의 반점이 나 있다.

효능 통변 작용, 건위 작용, 피부 미용, 급성 위장염, 화상

이용 부위 전초, 뿌리, 종자

식용

　종자 – 기름, 날것, 가루로 만들어 환제로 사용

　뿌리 – 고기와 함께 삶아서 먹는다.

　잎 – 나물

채취 시기 **전초** – 여름, **종자** – 가을

포인트 1. 검정콩과 함께 섭취하면 좋지 않다.

　　　 2. 아주까리는 어린아이나 노인에게는 적합하지 않으며 산후 또는 수술 후에 생기는 변비에도 좋지 않다.

야콘잎 고추장 장아찌

레시피

1 야콘잎 말리기 야콘잎은 깨끗이 손질하여 끓는 물에 소금을 넣고 파랗게 데친 후 연한 소금물에 1일 정도 담갔다가 우려 찬물에 헹궈 채반에 올려 그늘에 꾸덕꾸덕하게 말린다.

2 맛간장 만들기 분량의 맛간장 재료를 넣고 끓여서 건더기는 건져 내고 간장을 식혀 야콘잎에 붓는다.

3 두 번 더 맛간장 끓여 붓기 3일, 10일째 되는 날 맛간장을 따라 내고 다시 끓여 식힌 후 맛간장을 붓는다. 마지막 맛간장을 부을 때는 분량의 산야초 발효 효소를 섞는다.

4 고추장 바르기 한 달 후 맛간장을 짜낸 다음 고추장을 야콘잎에 간이 골고루 배게 바른 뒤 저장 용기에 꾹꾹 눌러 담은 다음 맨 위에 고추장을 덮어준다.

5 보관하기 뚜껑을 밀폐시켜 서늘한 곳에 보관하여 한 달 후부터 꺼내 먹는다.

한마디 야콘과 음식 궁합이 맞는 것은 오미자이다. 오미자 물김치를 담가서 같이 머으면 좋다.

 **재료** 20인분

야콘잎 1kg
산야초 발효 효소(맛간장용) 2컵
소금물(물 10컵, 소금 0.5컵)

고추장 고추장 6컵, 산야초 발효 효소 1컵, 조청(물엿) 0.5컵

맛간장 간장 3컵, 쌀뜨물 1.5컵, 감식초 1컵, 조청(물엿) 1컵, 소주 1/2컵, 마른고추 3개, 청량고추 1개, 통후추 5g, 다시마 1잎, 대파 1대, 월계수잎 2잎

  **야콘**

특징 야콘은 국화과에 속하는 쌍자엽 다년생 가근식물로 덩이뿌리의 형태는 다알리아나 고구마와 비슷하고 지상부는 돼지감자와 흡사하며, 키는 1.5~3m 정도이다. 줄기는 녹색에서 자색을 띠며 털이 많고, 원통이거나 다소 각이 지고 성숙기에는 속이 빈다. 마디는 15~20개이고 원줄기에서 가지가 발생하며, 지표면의 뿌리줄기의 눈에서 부정근이 많이 생긴다. 야콘잎은 각종 미네랄 성분인 아연, 마그네슘, 칼륨, 철, 칼슘 등이 풍부하게 들어 있는 알칼리성 건강 식품이다.

효능 당뇨, 다이어트, 변비

이용 부위 잎, 뿌리

식용 **뿌리** – 생식, 각종 찌개, 물김치, 부침개, 샐러드, 튀김, 즙

채취 시기 **뿌리** – 10월 중순~11월 초순, **잎** – 10월 초순

포인트 1. 야콘은 냉한 식품으로 속이 냉한 사람이 생야콘을 먹으면 배가 아프다. 이럴 때 응급처치로 따뜻한 설탕물을 먹는다. 속이 편안해지면, 야콘을 삶아 따뜻하게 해서 조금씩 먹도록 한다.

2. 혈압이나 혈당값을 내리는 성분이 있다.

우엉잎 간장 장아찌

레시피

1 우엉잎 말리기 우엉잎는 깨끗이 다듬어 씻어 6~7% 염도의 소금물에 30분간 담가 두었다가 찬물에 헹궈 채반에 널어 바람이 잘 통하는 그늘에서 꾸덕꾸덕할 때까지 말린다.

2 맛간장 만들기 분량의 맛간장 재료를 넣고 끓여서 건더기는 건져 내고 간장만 식혀 우엉잎에 붓는다.

3 두 번 더 맛간장 끓여 붓기 3일, 10일째 되는 날 맛간장을 따라 내고 다시 끓여 식힌 후 맛간장을 붓는다. 마지막 맛간장을 부을 때는 분량의 산야초 발효 효소를 섞는다.

4 장아찌 내기 한 달 정도 지나면 먹을 만큼 덜어서 양념에 무쳐 낸다.

우엉잎 1kg
산야초 발효 효소(맛간장용) 2컵
소금물(물 10컵, 소금 1컵)

맛간장 간장 2컵, 쌀뜨물 1.5컵, 감식초 1컵, 조청(물엿) 1컵, 소주 1/2컵, 마른고추 3개, 청량고추 1개, 통후추 5g, 다시마 1잎, 대파 1대, 월계수잎 2잎

양념 다진 파 , 다진 마늘, 깨소금, 참기름 각각 적당량씩

한마디
• 고혈압에는 우엉을 반찬으로 조림하여 먹는다.
• 장아찌는 재료의 절임 방법, 건조, 찜, 염장, 데침 등 특징에 따라 저장 기간이 달라진다.

 우엉

특징 2년 초로 높이가 1.5m에 달하며 뿌리는 길이가 30~60cm 정도로 원산지가 뚜렷하지 않으나 중국에서는 예부터 심어 왔다고 한다. 근생엽은 엽병이 길고 표면은 겉은 녹색이며 뒷면은 백색 털이 빽빽하게 나 있다. 흰빛이 돌고 가장자리에는 치아상의 톱니가 있다. 꽃은 7월에 피며 두화는 원줄기와 가지 끝에 산방상으로 달리고 포는 침형이고 끝이 갈고리 모양이다. 꽃은 통상화뿐이며 검은 자줏빛이 돌고 관모는 갈색이다.

효능 이뇨, 진균 작용, 혈당 저하, 고혈압, 치통

채취 시기 가을

이용 부위 종자, 뿌리, 잎

식용 조림, 장아찌

포인트 1. 가을에 종자를 따고, 뿌리를 캐어 햇볕에 말려서 약초로도 쓴다.

2. 편도선염에는 우엉 종자 10g과 감초 5g를 달여서 먹는다.

3. 치통에는 우엉 뿌리의 즙을 내어 수시로 입안을 헹군다.

제피잎 고추장 장아찌

레시피

1 **제피잎 손질하기**   제피의 연한 잎만 간추려 깨끗이 씻어 물기를 제거하여 살짝 말린다.

2 **고추장에 묻어 두기**   말린 제피잎을 베보자기에 싸서 고추장에 박아둔다.

3 **장아찌 내기**   1달 정도 지난 후 먹을 만큼만 덜어 양념에 무쳐 먹는다.

 **재료** 20인분

제피잎 1kg

고추장   고추장 6컵, 산야초 발효 효소 1컵, 조청(물엿) 0.5컵

양념   다진 파 약간, 다진 마늘 약간, 깨소금 약간, 참기름 적당량, 고춧가루 약간, 산야초 발효 효소 약간

 제피나무

특징   나무 높이가 3m 정도에 달하며 껍질은 회갈색으로 어긋나게 돋아난 가시가 있다. 작은 잎은 장타원형 또는 피침형으로 가장자리에 잔톱니가 있으며 뒷면에 기름점이 있다. 엽축에 잔가시가 달리며 잎에서 계피 특유의 향기가 난다. 삭과는 10월에 녹갈색에서 갈색으로 익으며 껍질이 3개로 갈라져 검은색의 종자가 산출된다. 초피나무와 다르게 가시가 어긋나게 달리고 꽃이 여름에 핀다. 원산지는 한국이며 중부 이남의 산지에서 자생하는 낙엽활엽관목이다.

효능   식욕 증진, 건위, 이뇨, 지사

이용 부위   열매, 과피, 잎

식용   기름, 튀김, 전, 된장국, 장아찌, 간장, 과실주, 미꾸라지탕

채취 시기   잎(새순) – 봄, **열매(익기 전)** – 가을, **종자(익은 후)** – 가을

포인트   민물 생선인 미꾸라지는 흙냄새, 비린내가 많아 요리한 후에도 냄새가 없어지지 않는데, 제피를 사용하면 그 냄새를 없앨 수 있다.

제피열매 간장 장아찌

레시피

1. **제피열매 손질하기** 열매가 아직 파랗고 껍질이 벗겨지지 않았을 때 송이째로 따서 깨끗이 씻어 채반에 받쳐 물기를 뺀다.

2. **끓는 물 붓기** 팔팔 끓는 물을 부어 반나절 정도 담가 두었다가 잔불에 헹궈 물기를 세서한다(이때 향이 너무 깅하면 중간에 물을 갈아 준다).

3. **제피 절여 말리기** 6~7% 염도의 소금물에 20분간 담가 두었다가 찬물에 헹궈 채반에 올려 꾸덕꾸덕해질 때까지 말린다.

4. **맛간장 만들기** 분량의 맛간장 재료를 넣고 끓여서 건더기는 건져 내고 간장만 식힌다.

5. **맛간장 붓기** 제피 열매에 맛간장을 붓고 무거운 돌로 눌러 놓는다.

6. **두 번 더 맛간장 끓이기** 3일, 10일째 되는 날 맛간장을 따라 내고 다시 끓여 식힌 후 맛간장을 붓는다. 마지막 맛간장을 부을 때는 분량의 산야초 발효 효소를 섞는다.

7. **장아찌 내기** 2~3개월 후 꺼내어 갖은 양념에 무쳐 먹는다.

 한마디 제피를 살짝 볶아서 쓰면 강한 향의 자극성을 완화시킨다.

 **재료** 20인분

제피열매 1kg
산야초 발효 효소(맛간장용) 2컵
소금물(물 10컵, 소금 1컵)

맛간장 간장 3컵, 쌀뜨물 1.5컵, 감식초 1컵, 조청(물엿) 1컵, 소주 1/2컵, 마른고추 3개, 청량고추 1개, 통후추 5g, 다시마 1잎, 대파 1대, 월계수잎 2잎

양념 다진 파 약간, 다진 마늘 약간, 깨소금 약간, 참기름 적당량, 고춧가루 약간, 산야초 발효 효소 약간

원추리 고추장 장아찌

레시피

재료 20인분

1 원추리 말리기 원추리를 깨끗이 씻어 끓는 물에 소금을 넣고 데친 후 찬물에 헹궈 건진 후 꾸덕꾸덕해질 때까지 말린다.

2 맛간장 만들기 재료를 넣어 끓인 후 간장만 따라 내어 식힌다.

3 말린 원추리에 맛간장 붓기 말린 원추리는 단을 만들어 차곡차곡 담고 맛간장을 부은 뒤 돌로 눌러 둔다.

4 두 번 더 맛간장 끓여 붓기 3일, 10일째 되는 날 맛간장을 따라 내고 다시 끓여 식힌 후 맛간장을 붓는다. 마지막 맛간장을 부을 때는 분량의 산야초 발효 효소를 섞는다.

5 간장 제거하기 한 달 정도 지나면 **4**를 용기에서 꺼낸 후 원추리 단에 스민 간장을 꼭 짜준다.

6 용기에 재놓기 용기 바닥에 고추장을 깔고 원추리 단을 넣은 뒤 고추장을 넉넉히 덮어서 누르고 소금을 뿌린다.

7 장아찌 내기 장아찌를 낼 때 준비한 양념에 버무려서 낸다.

원추리 1kg
산야초 발효 효소(맛간장용) 1컵
소금물(물 10컵, 소금 0.4컵)

고추장 고추장 6컵, 산야초 발효 효소 1컵, 조청(물엿) 0.5컵

맛간장 간장 3컵, 쌀뜨물 1.5컵, 감식초 1컵, 조청(물엿) 1컵, 소주 0.5컵, 마른고추 3개, 청량고추 1개, 통후추 5g, 다시마 1잎, 대파 1대, 월계수잎 2잎

양념 다진 파 약간, 다진 마늘 약간, 깨소금 약간, 참기름 적당량, 고춧가루 약간

 원추리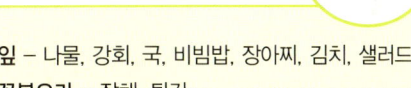

특징 원추리는 우리나라 각처의 산지 계곡이나 산기슭에서 자라는 다년생 초본이다. 생육 환경은 습도가 높으면서 토양 비옥도가 높은 곳에서 자란다. 키는 50~100cm이고, 잎은 길이가 60~80cm, 폭이 1.2~2.5cm로 밑에서 2줄로 마주 나고 선형이며 끝이 둥글게 뒤로 젖혀지고 흰빛이 도는 녹색이다. 꽃은 황색으로 원줄기 끝에서 짧은 가지가 갈라지고 6~8개의 꽃이 뭉쳐 달린다. 열매는 9~10월경에 타원형으로 달리고 종자는 광택이 나며 검은색이다.

효능 자양강장, 이뇨, 소종, 지혈, 해독 작용

이용 부위 잎, 꽃

식용 육류와 궁합이 맞다.

잎 – 나물, 강회, 국, 비빔밥, 장아찌, 김치, 샐러드
꽃봉오리 – 잡채, 튀김

채취 시기 잎 – 3~5월, 꽃 – 6~8월, **뿌리** – 가을

효소 만들기 가을에 뿌리를 캐서 다듬어 보관해둔 뒤, 봄에 잎과 줄기가 충분히 자라면 발효액에 담근다. 그 뒤 꽃이 피면 첨가하는 방법이 좋다.

포인트 1. 재료를 채취하는 시기가 꽃, 뿌리, 줄기 등에 따라 모두 다르므로 시기를 구분해서 재료를 확보해야 한다.

2. 원추리의 꽃은 무독하지만 뿌리와 잎에는 약간의 독이 있으므로 많은 양과 오랜 시간 동안 섭취하지 않는다.

참가죽순 고추장 장아찌

레시피

1 **참가죽순 준비하기** 참가죽 나무에서 손으로 '똑'하고 끊었을 때 끊어지는 연한 순 부위만 준비한다.

2 **재료 말리기** 참가죽순은 소금물에 30분 정도 절였다가 찬물에 헹군 뒤 채반에 올려 꾸덕꾸덕해질 때까지 말린다.

3 **맛간장 만들기** 분량의 재료를 넣고 끓여서 맛간장을 만들어 건더기만 건져 내고 맛간장을 식힌 후 산야초 발효 효소를 섞는다.

4 **맛간장 붓기** 용기에 참가죽순을 넣고 맛간장을 부은 뒤 돌로 눌러 서늘한 곳에 보관한다.

5 **장아찌 양념장에 버무리기** 한 달 후 간장을 짜낸 다음 참가죽순에 고추장을 넣고 버무려 저장 용기에 담는다.

6 **보관하기** 하루 정도 상온에서 맛을 들인 뒤 냉장고에서 2개월간 보관하면서 먹을 만큼 꺼내어 양념에 버무려 낸다.

 한마디
- 싱겁게 만들어 밥반찬으로 먹으려면 냉장고에서 2주 정도만 숙성시킨다.
- 참가죽순은 된장과 궁합이 잘 맞는다.

 **재료** 20인분

참가죽순 2kg
산야초 발효 효소(맛간장용) 2컵
소금물(물 10컵, 소금 1컵)

고추장 고추장 6컵, 산야초 발효 효소 1.5컵, 조청(물엿) 0.5컵

맛간장 간장 3컵, 쌀뜨물 1.5컵, 감식초 1컵, 조청(물엿) 1컵, 소주 0.5컵, 마른고추 3개, 청량고추 1개, 통후추 5g, 다시마 1잎, 대파 1대, 월계수잎 2잎

양념 고춧가루 2컵, 고추장 0.5컵, 조청(물엿) 0.5컵, 산야초 발효 효소 0.5컵, 집간장 0.5컵

 ## 참가죽

특징 높이 27m 정도로 줄기는 밋밋하게 자란다. 나무껍질은 회갈색이며 잎 표면은 녹색이고, 뒷면은 연한 녹색으로 털이 없다. 꽃은 단성화로 원뿔 꽃차례를 이루며 6월에 백록색의 작은 꽃이 핀다. 성질은 차고 맛은 떫으며 쓰다. 근피에는 메르소진, 아일란톤 등의 성분이 들어 있다. 약효가 비슷한 춘나무와 함께 약으로 쓰는 경우가 있다. 가죽나무의 어린잎을 가죽나물이라고 한다. 이른 봄에 올라오는 가죽나물은 독특한 향이 있어 별미의 식재료로 알려져 있다.

효능 자궁암, 만성 설사, 대하증, 장암

이용 부위 뿌리, 잎, 뿌리껍질, 줄기껍질

식용 잎 – 장아찌, 나물

채취 시기 3~4월

포인트 1. 잎이 두껍지 않으며 만져보아 부드럽고 연한 것을 고르는 것이 좋다.
2. 비타민과 무기질이 풍부하여 다이어트에도 효과가 있다.

참나물 간장 장아찌

레시피

재료 20인분

참나물 1kg
산야초 발효 효소(맛간장용) 2컵
소금물(물 10컵, 소금 1컵)

맛간장 간장 3컵, 쌀뜨물 1.5컵, 감식초 1컵, 조청(물엿) 1컵, 소주 1/2컵, 마른고추 3개, 청량고추 1개, 통후추 5g, 다시마 1잎, 대파 1대, 월계수잎 2잎

양념 다진 파, 다진 마늘, 설탕, 깨소금 참기름 적당량씩

1 **참나물 말리기** 참나물은 깨끗이 다듬어 6~7% 염도의 소금물에 20분 정도 담가 두었다가 찬물에 헹궈 채반에 올려 꾸덕꾸덕해질때까지 말린다.

2 **맛간장 만들기** 분량의 재료를 넣고 끓여서 맛간장을 만들어 건더기만 건져 내고 장은 식힌다.

3 **맛간장 붓기** 용기에 참나물을 넣고 맛간장을 부은 뒤 돌로 눌러 서늘한 곳에 보관한다.

4 **두 번 더 맛간장 끓여 붓기** 3일, 10일째 되는 날 맛간장을 따라 내고 다시 끓여 식힌 후 맛간장을 붓는다. 마지막 맛간장을 부을 때는 분량의 산야초 발효 효소를 섞는다.

5 **장아찌 내기** 먹을 만큼만 덜어 양념에 무쳐 낸다.

 한마디 살캉살캉 씹히는 줄기의 미감이 참나물 향과 잘 어우러진다.

참나물

특징 높이 50~80cm 정도로 자라는 줄기는 털이 없으며 밑에서 가지가 갈라진다. 어긋나게 달리는 잎은 3출엽으로 잎자루는 위로 갈수록 짧아진다. 작은 잎은 난형으로 끝이 뾰족하고 가장자리에 톱니가 있다. 잎자루의 아래쪽은 넓어지면서 줄기를 감싼다. 잎을 비벼 냄새를 맡으면 향긋한 냄새가 나고 나물로 식용하기도 한다. 한국 원산으로 전국 각지의 산지 숲 속에서 자라는 다년생 초본이다.

효능 비만 방지, 안구건조증, 간질환, 빈혈, 지혈, 해열, 식욕 증진

이용 부위 잎(어린 싹), 줄기

식용 나물, 쌈, 국, 샐러드, 김치, 볶음

채취 시기 4~5월

포인트 특유의 향을 가지고 있어 육류와 잘 어울리므로 고기 요리를 할 때 함께 넣으면 좋다.

취나물 간장 장아찌

레시피

1 재료 준비 취나물은 씻어 소금물에 20분 정도 절인 뒤 찬물에 헹궈 채반에 펼쳐 꾸덕꾸덕하게 말린다.

2 맛간장 만들기 맛간장 재료를 넣고 끓여서 건더기만 건져 내고 장은 식힌다.

3 맛간장 붓기 취나물에 맛간장을 붓고 무거운 돌로 눌러 놓는다.

4 두 번 더 맛간장 끓여 붓기 3일, 10일째 되는 날 맛간장을 따라 내고 다시 끓여 식힌 후 맛간장을 붓는다. 마지막 맛간장을 부을 때는 분량의 산야초 발효 효소를 섞는다.

5 장아찌 내기 1개월 정도 지나면 먹을 수 있다. 먹을 만큼만 꺼내어 참기름을 넣지 않고 양념하여 먹는다.

한마디 전초를 말려 두었다가 겨울에도 나물이나 국에 넣어 먹는다.

 **재료 20인분**

취나물 1kg
산야초 발효 효소(맛간장용) 2컵
소금물(물 10컵, 소금 1컵)

맛간장 간장 4컵, 쌀뜨물 1.5컵, 감식초 1컵, 조청(물엿) 1컵, 소주 1/2컵, 마른고추 3개, 청량고추 1개, 통후추 5g, 다시마 1잎, 대파 1대, 월계수잎 2잎

양념 다진 파, 다진 마늘, 산야초 발효 효소, 깨소금 적당량씩

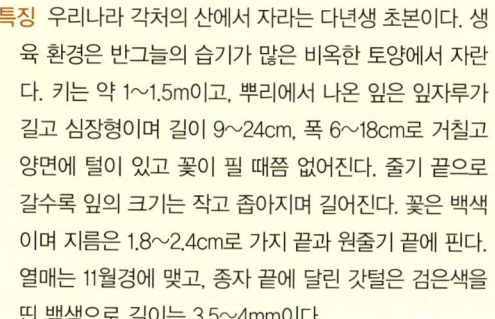

 취나물

특징 우리나라 각처의 산에서 자라는 다년생 초본이다. 생육 환경은 반그늘의 습기가 많은 비옥한 토양에서 자란다. 키는 약 1~1.5m이고, 뿌리에서 나온 잎은 잎자루가 길고 심장형이며 길이 9~24cm, 폭 6~18cm로 거칠고 양면에 털이 있고 꽃이 필 때쯤 없어진다. 줄기 끝으로 갈수록 잎의 크기는 작고 좁아지며 길어진다. 꽃은 백색이며 지름은 1.8~2.4cm로 가지 끝과 원줄기 끝에 핀다. 열매는 11월경에 맺고, 종자 끝에 달린 갓털은 검은색을 띤 백색으로 길이는 3.5~4mm이다.

효능 통증 완화, 해독, 당뇨병, 신장염
이용 부위 전초, 뿌리, 잎(어린순)
식용 들깨와 함께 먹으면 영양적으로 우수하다.
채취 시기 가을~봄
효소 만들기 봄에 전초를 채취하여 취나물 무게의 30%의 황설탕을 더 추가하여 넣은 후 밀봉하여 3개월~1년 이상 숙성시킨다.
포인트 봄에 어린잎을 채취하여 끓는 물에 살짝 데쳐서 나물로 먹거나 양념장에 무쳐 쌈으로 먹는다.

차즈기 고추장 장아찌

레시피

1 차즈기 손질하기 차즈기를 흐르는 물에 깨끗이 씻어서 물기를 제거하여 살짝 말린다.

2 차즈기 고추장에 버무리기 말린 차즈기는 고추장에 버무려 통에 꼭꼭 눌러 담은 다음 위에 고추장을 1cm쯤 덮어서 보관한다.

3 장아찌 내기 한 달 후에 맛이 들면 상에 낸다.

 열매는 익기 전에 채취를 하여 장아찌, 튀김으로 먹는다.

 **재료** 20인분

차즈기 1kg, 고추장(고추장 6컵, 산야초 발효 효소 2컵, 조청 (물엿) 0.5컵

 차즈기

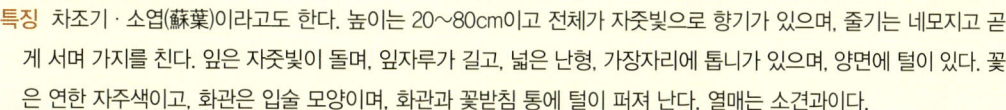

특징 차조기 · 소엽(蘇葉)이라고도 한다. 높이는 20~80cm이고 전체가 자줏빛으로 향기가 있으며, 줄기는 네모지고 곧게 서며 가지를 친다. 잎은 자줏빛이 돌며, 잎자루가 길고, 넓은 난형, 가장자리에 톱니가 있으며, 양면에 털이 있다. 꽃은 연한 자주색이고, 화관은 입술 모양이며, 화관과 꽃받침 통에 털이 퍼져 난다. 열매는 소견과이다.

효능 혈액 순환, 소염, 노화 방지, 건위, 오한 발열, 소화, 해독

이용 부위 잎, 종자, 줄기

식용 잎 – 쌈, 비빔밥, 장아찌, 튀김, 부각

채취 시기 잎, 열매 – 가을

효소 만들기 발효액을 만들기 위해서 잎을 주로 사용하는데 줄기와 함께 써도 된다.
　잎을 잘게 잘라 흑설탕 1/2 정도를 넣고 잘 눌러 밀봉하여 6개월 이상 발효시켜서 사용한다.

포인트 잉어와 함께 먹으면 좋지 않다.

청미래덩굴잎 고추장 장아찌

레시피

재료 20인분

청미래덩굴잎(망개나무) 1kg, 고추장(고추장 6컵, 산야초 발효효소 1컵, 조청(물엿) 0.5컵), 소금물(소금 1컵, 물 10컵)

1 **청미래덩굴잎 손질하기** 청미래덩굴잎(망개나무)은 나무에서 딴 즉시 연한 잎을 떼어 씻은 다음 소금물에 30분간 담가 찬물에 헹군다.

2 **고추장 버무리기** 넓은 소쿠리에 얇게 펴서 꾸덕꾸덕하게 말린 다음 고추장에 버무린다.

3 **항아리에 넣고 고추장 덮기** **2**를 항아리에 꼭꼭 눌러서 담고 맨 위에 고추장으로 덮어준다.

4 **장아찌 내기** 2개월 정도 지난 후 맛이 들면 상에 낸다.

 한마디 뿌리를 오랫동안 먹으면 변비가 생겨 고생하는 경우가 있는데 쌀뜨물과 같이 끓이면 괜찮다.

 ## 청미래덩굴(망개나무)

특징 중부 이남의 산야 표고 1,600m 이하의 양지에서 자생하는 낙엽활엽 덩굴성 식물이다. 생육 환경은 반그늘 또는 양지바른 곳에 서식한다. 키는 2~3m이고, 잎은 길이가 3~12cm, 폭은 2~10cm이고 광채가 있으며 질기다. 잎자루는 길이가 0.7~2cm이고 턱잎은 덩굴손이 된다. 열매는 9~10월경에 적색으로 성숙되며 둥글고 지름 1cm 정도로 '명감' 또는 '망개'라고도 한다.

효능 임질, 매독, 수은 중독, 위암, 폐암, 직장암, 백혈병, 간경화, 간염, 부종, 식도암, 종기, 악창, 비인암, 이뇨, 해독

이용 부위 뿌리, 줄기, 잎, 열매

식용 나물, 차

채취 시기 뿌리 – 가을~이른 봄, 잎 – 여름

효소 만들기 청미래덩굴 발효액에는 잎, 열매, 줄기, 뿌리를 모두 사용할 수 있다. 잎, 줄기, 뿌리 등을 잘게 잘라서 감초, 생강, 대추를 진하게 달인 물에 흑설탕과 함께 넣어 8~10개월간 그늘진 곳에 놓고 발효시켜 음용한다. 열매는 따로 꿀이나 흑설탕에 푹 잠기도록 해서 발효시킨다.

포인트 이뇨 작용이 있어 간, 신장이 허약한 사람은 조심해서 쓴다.

칡잎 간장 장아찌

레시피

재료 20인분

1 **칡잎 손질하기** 칡잎을 한 장씩 흐르는 물에 씻어 둔다.

2 **맛간장 만들기** 분량의 맛간장 재료를 넣고 끓여서 건더기는 건져 내고 간장만 식힌다.

3 **재료 찌기** 김이 오른 찜기에 쪄낸 후 채반에 올려 꾸덕꾸덕할때까지 말린 다음 10~20장씩 실로 묶어 둔다.

4 **칡잎에 맛간장 붓기** 칡잎 단을 저장 용기에 차곡차곡 담고 맛간장을 부은 뒤 돌로 눌러 둔다.

5 **두 번 더 맛간장 끓이기** 3일, 10일째 되는 날 맛간장을 따라 내고 다시 끓여 식힌 후 맛간장을 붓는다. 마지막 맛간장을 부을 때는 분량의 산야초 발효 효소를 섞는다.

6 **장아찌 내기** 2~3개월 뒤에 갖은 양념을 하여 낸다.

칡잎 1kg
산야초 발효 효소(맛간장용) 2컵
소금물(물 10컵, 소금 0.5컵)

맛간장 간장 4컵, 쌀뜨물 1.5컵, 감식초 1컵, 조청(물엿) 1컵, 소주 1/2컵, 마른고추 3개, 청량고추 1개, 통후추 5g, 다시마 1잎, 대파 1대, 월계수잎 2잎

양념 다진 파 약간, 다진 마늘 약간, 깨소금 약간, 참기름 적당량

한마디
- 콩잎과 질감이 비슷하며 순한 쓴맛이 나는 장아찌이다.
- 달걀과 함께 요리해 먹으면 칡에 부족한 단백질과 무기질을 달걀이 보충해 주어 영양 효과가 높아진다.

  칡

특징 우리나라 전역의 표고가 낮은 산과 들에서 자라는 덩굴성 식물이다. 길이는 약 10m 정도까지 자라고, 잎은 어긋나있으며, 가장자리는 밋밋하다. 잎자루는 길이가 10~20cm이고 표면은 녹색, 뒷면은 흰색을 띤다. 줄기는 나무나 그 밖의 다른 것들을 감고 올라가며, 흑갈색이다. 뿌리는 길이가 2~3m, 지름은 20~30cm 정도의 큰 것도 있고 섬유질이 많아 회색빛을 띠며 녹말과 같은 것을 갖고 있다. 꽃은 홍자색이고 길이는 1.8~2.5cm로서 10~25cm의 짧은 꽃줄기에 많이 달린다. 열매는 9~10월경에 달리고 종자는 갈색이며 작다.

효능 해열, 항균, 소염, 건강 증진, 숙취 해소, 협심증, 당뇨병, 고혈압

이용 부위 꽃, 줄기, 뿌리, 잎

식용 봄~여름에 부드러운 잎과 순을 쌈, 튀김, 나물밥, 장아찌

채취 시기 **꽃** – 여름, **뿌리** – 여름~가을

효소 만들기 칡뿌리는 액이 잘 안 나오므로 잘 나오게 하는 것이 중요하다. 신선한 뿌리를 채집하여, 깨끗이 씻고 얇게 썰어 같은 양의 흑설탕을 뿌려서 발효시킨다(즙을 내서 발효액을 담그는 것은 즙을 내어 마시는 것만 못하다).

포인트 살구씨와 함께 섭취하는 것은 좋지 않으며, 몸이 냉한 사람은 피한다.

케일 고추장 장아찌

레시피

재료 20인분

케일 1kg
산야초 발효 효소(맛간장용) 2컵

고추장 고추장 6컵, 산야초 발효 효소 1컵, 조청(물엿) 1.5컵

맛간장 간장 3컵, 쌀뜨물 1.5컵, 감식초 1컵, 조청(물엿) 1컵, 소주 1/2컵, 마른고추 3개, 청량고추 1개, 통후추 5g, 다시마 1잎, 대파 1대, 월계수잎 2잎

양념 산야초 발효 효소 0.5컵, 조청(물엿) 0.5컵, 다진 파 약간, 다진 마늘 약간, 깨소금 약간, 참기름 적당량, 고춧가루 약간

1 케일 손질하기 케일은 손질하여 깨끗이 씻어 통풍이 잘 통하는 그늘에서 살짝 말린다.

2 맛간장 만들기 분량의 맛간장 재료를 넣고 은근히 끓여서 건더기는 건져 내고 간장만 걸러 식힌다.

3 맛간장에 재놓기 케일을 저장 용기에 차곡차곡 담고 맛간장을 부어 돌로 눌러 둔다.

4 간장 제거한 케일 말리기 일주일 뒤에 케일만 건져 간장을 짜준 뒤 다시 채반에 널어 꾸덕꾸덕하게 말린다.

5 보관하기 고추장의 절반은 **4**와 골고루 섞어 저장 용기에 담은 뒤 꾹꾹 눌러 준 후 나머지 절반을 맨 위에 올린다. 그 위에 소금을 뿌려 서늘한 곳에 보관한다.

6 장아찌 내기 저장한지 일주일 뒤부터 양념하여 낸다.

한미디 케일은 엽록소와 무기질이 풍부하며, 특히 칼슘은 우유의 3배 이상으로 사과, 토마토, 양배추 등보다 49~65배나 더 들어 있다.

 **케일**

특징 줄기와 잎색은 담녹색, 녹색, 암녹색 및 자주색 등으로 다양한데 그중 색깔이 붉은 것은 화훼용으로도 쓰인다. 2년생 또는 다년생으로 내서성 및 내한성은 양배추류 중에서 제일 강하다.

효능 동맥경화 예방, 혈압 조절, 위장병, 성인병 예방

이용 부위 잎

식용 쌈, 녹즙, 샐러드

채취 시기 7월

포인트 식물성 오일과 함께 섭취하면 케일에 들어 있는 지용성 비타민의 흡수를 높여준다.

토마토 고추장 장아찌

레시피

재료 20인분

방울토마토 1kg, 고추장(고추장 6컵, 산야초 발효 효소 1.5컵, 조청(물엿) 0.5컵), 소금물(소금 1컵, 물 1컵)

1 **방울토마토 말리기** 방울토마토를 깨끗이 씻은 후 이쑤시개로 구멍을 여러 군데 낸 다음 소금물에 30분간 재워 두었다가 찬물에 헹궈 물기를 제거하여 살짝 말린다.

2 **고추장에 묻기** 말린 토마토를 면보나 베보자기에 싸서 고추장 항아리에 묻는다. 토마토가 삭으면 양념하지 않고 그냥 담백하게 먹는다.

 토마토 익은 것도 보통 상온에서 보관하는데, 시원하게 먹고 싶다면 익은 것을 랩으로 싸서 냉장 보관(너무 저온이면 맛이 떨어짐)하며, 청색인 것은 실온에서 익힌다.

 토마토

특징 높이는 약 1m이다. 가지를 많이 내고 부드러운 흰 털이 빽빽이 난다. 잎은 깃꼴겹잎이고 길이 15∼45cm이며 특이한 냄새가 난다. 작은 잎은 9∼19개로 달걀형이나 긴 타원형이며 끝이 뾰족하고 깊이 패어 들어간 톱니가 있다. 꽃이삭은 8마디 정도에서 시작하여 3마디 간격으로 달린다. 5∼8월에 노란색으로 피는데, 한 꽃이삭에 여러 송이가 달린다. 열매는 장과로 6월부터 붉은빛으로 익는다.

효능 혈압 강하, 소화 촉진

이용 부위 열매

식용 생식, 샐러드, 조림, 소스, 주스

채취 시기 초여름∼가을

포인트 붉은색이 진할수록 잘 익은 것으로 껍질에 광택이 있고 둥글고 모양이 좋다. 또 붉은색이 균일한 것, 꼭지가 단단하게 붙어 있고, 시들지 않은 것이 신선하다. 요철이 있거나 각진 것은 속이 비어 있다.

호박잎 된장 장아찌

레시피

재료 20인분

호박잎 1kg, 된장(된장 6컵, 산야초 발효 효소 1컵, 조청(물엿) 1컵), 소금물(소금 1컵, 물 10컵), 소금 약간

1 호박잎 말리기 찬바람을 맞아 뻣뻣해진 호박잎을 준비하여 줄기를 벗겨낸 뒤 한 장씩 흐르는 물에 씻어 소금물에 30분간 담가 두었다가 찬물에 헹궈 꾸덕꾸덕해질 때까지 말린다.

2 호박잎 된장으로 덮기 저장 용기에 된장을 깔고 호박잎을 넣은 뒤 된장을 덮고 맨 위에 소금을 뿌린다.

 한마디
- 양념한 것을 그대로 또는 쪄서 쌈으로 먹는 장아찌이다.
- 동짓날에 호박을 먹으면 중풍에 걸리지 않고 장수한다고 하는데, 겨울에 부족해지기 쉬운 비타민을 공급해 주기 때문이다.

 호박잎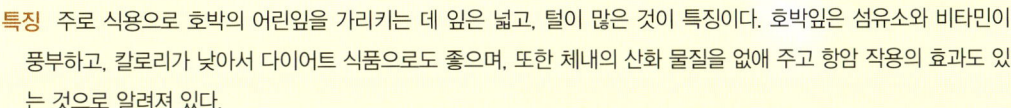

특징 주로 식용으로 호박의 어린잎을 가리키는 데 잎은 넓고, 털이 많은 것이 특징이다. 호박잎은 섬유소와 비타민이 풍부하고, 칼로리가 낮아서 다이어트 식품으로도 좋으며, 또한 체내의 산화 물질을 없애 주고 항암 작용의 효과도 있는 것으로 알려져 있다.

효능 풍, 부기 제거, 노화 억제

이용 부위 잎

식용 찜, 장아찌, 국, 된장찌개

채취 시기 여름

포인트 된장과 궁합이 맞다(호박잎에는 비타민이 풍부한 반면 단백질이 부족하므로 된장과 함께 먹는 것이 맛과 영양 면에서 모두 좋다).

헛개나무잎 간장 장아찌

레시피

 **재료** 20인분

헛개나무잎 1kg
산야초 발효 효소(맛간장용) 2컵
소금물(물 10컵, 소금 1컵)

맛간장 간장 3컵, 쌀뜨물 1.5컵, 감식초 1컵, 조청(물엿) 1컵, 소주 1/2컵, 마른고추 3개, 청량고추 1개, 통후추 5g, 다시마 1잎, 대파 1대, 월계수잎 2잎

양념 다진 파, 다진 마늘, 깨소금, 참기름 적당량씩

1 헛개나무잎 말리기 헛개나무잎은 깨끗이 다듬어 씻어 6~7% 염도의 소금물에 30분간 담가 두었다가 찬물에 헹궈 채반에 널어 꾸덕꾸덕하게 말린다.

2 맛간장 끓이기 분량의 맛간장 재료를 냄비에 넣고 끓인 후 건더기는 걸러 내고 간장만 식힌다.

3 헛개나무잎에 맛간장 붓기 헛개나무잎을 저장 용기에 차곡차곡 담고 맛간장을 부은 뒤 돌로 눌러 둔다.

4 두 번 더 맛간장 끓여 붓기 3일, 10일째 되는 날 맛간장을 따라 내고 다시 끓여 식힌 후 맛간장을 붓는다. 마지막 맛간장을 부을 때는 분량의 산야초 발효 효소를 섞는다.

5 장아찌 내기 1개월 정도 지나면 먹을 만큼 덜어서 양념에 무쳐 낸다.

 한마디 센 불에 맛간장을 팔팔 끓여서 식힌 뒤 부어야 장아찌를 오래 보관할 수 있다.

헛개나무

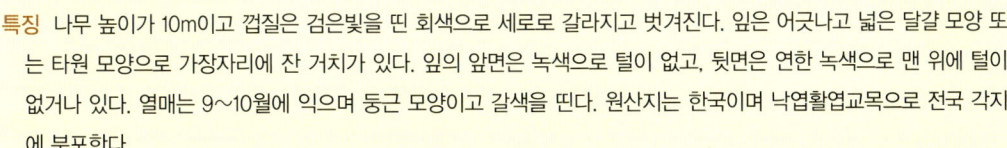

특징 나무 높이가 10m이고 껍질은 검은빛을 띤 회색으로 세로로 갈라지고 벗겨진다. 잎은 어긋나고 넓은 달걀 모양 또는 타원 모양으로 가장자리에 잔 거치가 있다. 잎의 앞면은 녹색으로 털이 없고, 뒷면은 연한 녹색으로 맨 위에 털이 없거나 있다. 열매는 9~10월에 익으며 둥근 모양이고 갈색을 띤다. 원산지는 한국이며 낙엽활엽교목으로 전국 각지에 분포한다.

효능 해독 작용, 숙취, 혈액 순환, 간질환, 관절염, 치질, 식중독

식용 장아찌, 샐러드

이용 부위 전초, 줄기껍질, 열매

채취 시기 **열매** – 가을, **줄기껍질** – 가을~겨울, **잎** – 여름

포인트 헛개나무는 독성이 있으므로 신장, 심장, 호흡기 질환을 앓는 사람들은 피해야 한다. 특히 나무껍질의 노란 부분은 독성이 있으므로 복용해서는 안 된다.

환삼덩굴 고추장 장아찌

레시피

재료 **20인분**

1 **환삼덩굴 손질하기** 환삼덩굴은 깨끗이 씻어 물기를 제거한다.

2 **맛간장 만들기** 분량의 맛간장 재료를 넣고 은근히 끓여서 건더기는 걸러 내고 간장만 식힌 후 산야초 발효 효소를 섞는다.

3 **맛간장에 재놓기** 환삼덩굴을 저장 용기에 차곡차곡 담고 맛간장을 부어 돌로 눌러 둔다.

4 **간장 제거한 환삼덩굴 말리기** 일주일 뒤에 환삼덩굴만 건져 간장을 짜준 뒤 채반에 널어 꾸덕꾸덕하게 말린다.

5 **보관하기** 고추장에 골고루 섞어 용기에 담은 뒤 꾹꾹 눌러 준다. 맨 위에 고추장을 덮고 그 위에 소금을 뿌려 서늘한 곳에 보관한다.

환삼덩굴 1kg
산야초 발효 효소(맛간장용) 1컵

고추장 고추장 6컵, 산야초 발효 효소 1.5컵, 조청(물엿) 0.5컵

맛간장 간장 3컵, 쌀뜨물 1.5컵, 감식초 1컵, 조청(물엿) 1컵, 소주 1/2컵, 마른고추 3개, 청량고추 1개, 통후추 5g, 다시마 1잎, 대파 1대, 월계수잎 2잎

양념 산야초 발효 효소 0.5컵, 조청(물엿) 0.5컵, 다진 파 약간, 다진 마늘 약간, 깨소금 약간, 참기름 적당량, 고춧가루 약간

한마디 용기에 담긴 장아찌는 떠오르지 않도록 무거운 것으로 눌러 놓는다. 용기 입구가 좁으면 대나무 가지나 나무젓가락 등으로 눌러 놓아도 된다.

환삼덩굴

특징 덩굴져 자라는 줄기는 아래를 향한 갈고리 모양의 잔가시가 있어 다른 물체에 잘 붙는다. 마주 달리는 잎은 손바닥 모양으로 5~7개로 갈라지는데 가장자리에 규칙적인 톱니가 있으며 양면에 거친 털이 빽빽하게 나 있다. 암수 딴 포기로 7~9월 수꽃은 원뿔 꽃차례로 꽃받침 잎과 수술이 각 5개가 있다. 암꽃은 짧은 수상 꽃차례로 둥글게 핀다. 열매는 수과로 황갈색으로 익는다. 한국이 원산지로 길가나 빈터에서 흔하게 자라는 덩굴성 일년생 초본이다.

효능 해열, 이뇨, 소종, 폐결핵, 혈뇨, 비뇨기계 결석

이용 부위 꽃, 뿌리

식용 나물, 장아찌

채취 시기 여름~가을

part 2

산야초
샐러드

3가지 산야초나물 샐러드

재료 2인분

참나물 100g, 곰취 1g, 민들레 100g

참기름소스

참기름 1작은술, 국간장 1작은술, 들깨가루 1큰술, 산야초 발효 효소 1작은술,
레몬 1작은술, 마늘 1작은술, 깨소금 1작은술, 소금 1작은술

레시피

1 산야초 손질하여 데치기 준비한 산야초는 각각 깨끗이 씻어 먹기 좋게 손질하고, 끓는 물에 소금을 넣고 살짝 데친다.

2 산야초 헹구기 데친 산야초는 찬물에 헹군다. 단, 민들레는 쓴맛을 제거하기 위해 찬물에 10분 정도 담궈 두었다 헹군다.

3 나물 무쳐 담기 데친 나물은 각각 참기름소스를 넣고 무친 후 그릇에 담는다.

 산야초를 데친 후 찬물에 담가 놓아야 강한 냄새와 쓴맛을 제거할 수 있다.

참나물

효능 비만 방지, 안구건조증, 간질환, 빈혈, 지혈, 해열, 식욕 증진
이용 부위 잎(어린싹), 줄기
채취 시기 4~5월
식용 나물, 쌈, 국, 샐러드, 김치, 볶음, 국거리
포인트 특유의 향을 가지고 있어 육류와 잘 어울리므로 고기 요리를 할 때 함께 넣으면 좋다.

산야초 비빔 샐러드

괭이밥 20g, 환삼덩굴 20g, 민들레 20g, 방풍 20g, 냉이 20g, 쑥 20g,
곰취 20g, 쌀 200g

된장 마요네즈소스

된장 2큰술, 고춧가루 1작은술, 산야초 발효 효소 1큰술, 마요네즈 1큰술,
들기름(or 참기름) 1작은술, 깨소금 1작은술, 마늘 1작은술

레시피

1 **밥 짓기** 쌀을 깨끗이 씻어 고슬하게 밥을 짓는다.

2 **산야초 손질하기** 준비한 산야초는 깨끗이 씻어 물기를 제거한 후 먹기
좋게 손질한다.

3 **소스 만들기** 팬에 된장을 넣고 참기름을 둘러 살짝 볶아 식힌 후 나머
지 소스 재료를 섞는다.

4 **그릇에 담기** 그릇에 **1**의 고슬하게 지은 밥을 가운데 담고 **2**의 산야초
를 재료별로 각각 보기 좋게 돌려 담은 다음 된장 마요네즈소스를 올
린다.

곰취

효능 진통, 천식, 혈액 순환, 요통, 관절통

이용 부위 잎, 근경, 뿌리

채취 시기 봄, 가을

식용 봄에 잎을 잎자루째 뜯어 쌈장이나 고추장에 찍어 먹거나 된장국에 끓여 먹는다. 또한 전
이나 김치로 만들어 먹거나 튀김, 무침으로 먹는다. 잎을 끓는 물에 살짝 데쳐서 무쳐 먹거
나 볶음, 국, 찌개의 재료로 쓴다.

포인트 들기름에 볶아 먹으면 영양적으로 우수하다.

씀바귀 관자 샐러드

재료 2인분

씀바귀 20g, 관자 140g, 냉이 20g, 헛개나무잎 20g, 적채 20g, 우엉잎 20g,
호박 60g, 사과 1개, 홍고추 1개

핫굴소스
굴소스 1큰술, 핫소스 1큰술, 산야초 발효 효소 2큰술, 식초 1큰술,
마늘 1작은술, 생강 1작은술, 올리브유 2큰술

레시피

1 관자 손질하기 관자에 붙어 있는 힘줄을 칼로 정리하고 편으로 썰어서
끓는 물에 살짝 데친다.

2 산야초 손질하기 준비한 산야초는 깨끗이 씻어 물기를 제거한 후 먹기
좋게 손질한다.

3 재료 손질하기 사과, 적채, 홍고추는 얇게 채 썰고, 호박은 둥근 모양
대로 얇게 썬 후 소금에 살짝 절여 볶는다.

4 그릇에 담기 1과 2, 3을 핫굴소스에 맛있게 버무린 후 그릇에 보기 좋
게 담아낸다.

 한마디 씀바귀는 이른 봄 어린 싹을 뿌리와 함께 매어서 나물 또는 국거리로 해서 먹기
도 한다. 나물은 쓴맛이 강하므로 데쳐서 여러 번 찬물에 우려낸 다음 조리한다.

씀바귀

효능 항암, 항염, 해열, 소종, 생기 작용, 면역 강화, 항산화 작용
이용 부위 전초
채취 시기 4~5월
식용 나물, 비빔밥, 된장국, 차, 무침, 김치, 장아찌
포인트 씀바귀는 위장을 튼튼하게 하고 소화 기능을 도와 몸을 보양하는 데 도움을 준다.

곰취 굴초회 샐러드

재료 2인분

곰취 60g, 굴 200g, 방울토마토 80g, 까마중 20g, 제피잎 20g,
노란파프리카 60g, 민들레 40g, 괭이밥 20g, 어린새싹 40g, 레몬 1/2개

고추장 단감소스
고추장 2큰술, 단감즙 2큰술, 고운 고춧가루 1작은술, 산야초 발효 효소 2큰술,
레몬 1큰술, 마늘 2작은술, 물엿 2작은술, 참기름 1작은술, 볶은 콩가루 1큰술,
깨소금 1작은술

레시피

1 굴 손질하기 굴은 탱탱하고 싱싱한 것으로 구입해 약간의 소금을 녹인
물에 넣고 깨끗이 씻는다.

2 굴 잡냄새 제거하기 깨끗이 씻은 굴에 약간의 레몬즙을 뿌려 잡냄새를
제거한다.

3 까마중과 산야초 손질하기 준비한 산야초들은 찬물에 깨끗이 씻고 물
기를 뺀다.

4 어린 새싹 손질하기 어린 새싹은 살짝 씻은 후 물기를 제거하고 손으
로 털듯이 골고루 섞어 놓는다.

5 그릇에 담기 **2**의 굴을 접시 가장자리에 돌려 담고 그 위에 손질한 **3**의
재료를 살짝 올린 후 고추장 단감소스를 곁들인다.

 비타민 C가 풍부하여 어린잎은 생쌈으로 먹거나 데쳐서 나물로 먹거나 또는 말
려두었다가 묵은 나물로 해서 먹는다.

곰취

효능 진통, 천식, 거담, 혈액 순환, 요통, 관절통, 기침
이용 부위 잎, 근경, 뿌리
채취 시기 봄, 가을
식용 쌈, 튀김, 무침, 잎, 볶음, 국, 찌개
포인트 들기름에 볶아 먹으면 영양적으로 우수하다.

까마중 단호박 샐러드

까마중 20g, 냉이 20g, 돌나물 20g, 뽕잎 20g, 단호박 200g, 무순 20g, 괭이밥 20g

유자청소스

유자청 3큰술, 산야초 발효 효소 1큰술, 참깨 1작은술, 레몬 1작은술, 소금 1작은술, 마요네즈 1큰술, 후춧가루 약간

레시피

1 **단호박 굽기** 단호박은 깨끗이 손질하여 배 모양(단호박의 1/8 크기)으로 자르고 예열한 오븐 180℃에서 15분 정도 굽는다.

2 **산야초 손질하기** 준비한 산야초는 찬물에 깨끗이 씻어 물기를 제거하고 먹기 좋게 손질한다.

3 **까마중 손질하기** 까마중은 찬물에 씻어서 물기를 제거한다.

4 **그릇에 담기** 구운 단호박과 손질한 산야초, 까마중을 보기 좋게 그릇에 담고 유자청소스를 뿌린다.

 까마중의 어린순은 나물로 먹는다. 맛이 쓰면 데친 다음 충분히 우려내고 조리한다.

까마중

효능 항암, 소염, 호흡기 질병 치료, 이뇨 작용, 피로 회복, 신경 쇠약
이용 부위 전초, 줄기, 뿌리, 열매
채취 시기 6~9월
식용 **잎** – 나물, **열매** – 생식, 샐러드
유의사항 익지 않은 파란 열매에는 독성이 있으므로 먹지 않는 것이 좋다.
포인트 까마중 줄기는 맛이 쓰고 달며 성질은 차다. 파란 열매를 제외하면 독이 없다. 검게 익은 까마중의 열매를 적당히 먹으면 보신이 된다.

냉이 해파리 샐러드

재료 2인분

냉이 40g, 해파리 200g, 사과 1개, 케일잎 40g, 세발나물 20g, 무순 20g

마늘 겨자소스

겨자 2작은술, 마늘 2작은술, 감식초 1큰술, 산야초 발효 효소 2큰술,
레몬 1큰술, 흑임자 2작은술

레시피

1 해파리 손질하기 염장 해파리는 깨끗이 헹궈서 물에 담가 놓았다가 소
금기가 어느 정도 빠지면 끓는 물에 살짝 데친 후, 찬물에 담갔다가
건진다.

2 산야초 손질하기 준비한 산야초는 깨끗이 씻어 물기를 제거한 후 먹기
좋게 손질한다. 케일잎은 곱게 채 썬다.

3 사과 썰기 사과는 부채꼴 모양으로 얇게 저미듯이 썬다.

4 그릇에 담기 해파리와 손질된 산야초, 사과를 섞은 후 마늘 겨자소스
에 버무려 낸다.

냉이

효능 지혈, 이뇨, 건위, 소종, 소염, 퇴종 작용

이용 부위 전초

채취 시기 봄

식용 나물, 찌개, 밥, 죽

유의할 점 밀가루와 상극으로 같이 먹지 않는다. 날콩가루와 함께 먹으면 좋다.

포인트 꼬투리를 잘 말려서 손으로 비벼 물에 넣고 휘저어 두면 그릇 밑바닥에 가라앉는데, 이
것을 죽이나 단자에 섞어 만든다.

달맞이 가지 샐러드

재료 2인분

달맞이(새순) 100g, 가지 200g, 쇠비름 20g, 어린새싹 40g, 홍피망 1/2개,
배초향 20g, 부침가루 1컵

잣 핫소스

잣가루 1큰술, 칠리소스 3큰술, 매운 고춧가루 1작은술, 마늘 1작은술,
소금 1작은술, 후추 1/2작은술, 레몬 1작은술, 산야초 발효 효소 2큰술

레시피

1 달맞이, 배초향 손질하기 흐르는 물에 거꾸로 세워 잎 사이 불순물을
깨끗이 씻는다.

2 가지 손질하기 가지는 2등분한 길이로 0.5cm 정도로 얇게 썬다.

3 어린새싹 손질하기 어린새싹은 살짝 씻은 후 물기를 제거하고 손으로
털듯이 골고루 섞어 놓는다.

4 산야초 손질하기 산야초와 홍피망은 깨끗이 씻어 물기를 제거한다. 홍
피망은 채 썰어 놓는다.

5 가지전 부치기 부침가루는 약간 묽게 반죽해 놓는다. 가지에 부침가루
를 약간 묻혀 반죽을 입혀 전을 부친다.

6 가지전 말기 가지전 위에 어린새싹, 달맞이, 배초향, 채 썬 홍피망 등
의 재료를 순서대로 조금씩 올려 돌돌 만다.

7 접시에 담기 그 외의 재료들과 돌돌 말아진 가지전을 예쁘게 담고, 잣
핫소스를 뿌린다.

달맞이

효능 항암, 해열, 소염 작용, 월경증후군, 콜레스테롤 강하
이용 부위 꽃, 전초, 줄기, 뿌리, 씨앗
채취 시기 **전초** – 봄~여름, **뿌리** – 가을
식용 **잎** – 무침, 볶음, 생채(새순), 겉절이, **꽃** – 튀김, 초무침, 차
포인트 달맞이는 몹시 쓰기 때문에 생으로 먹을 수 없고, 끓는 물에 살짝 데쳐서 찬물에 우
려내어 먹는다.

당귀잎 토마토볼 샐러드

당귀잎 60g, 토마토 2개, 마 100g, 석류 1개, 단감 1개, 고구마줄기잎 10g, 귤 1개, 고사리잎 10g(모양내기용)

단호박소스

단호박 200g, 마요네즈 2큰술, 산야초 발효 효소 2큰술, 소금 1/2작은술, 후추 1/2작은술, 올리브유 1큰술, 계핏가루 1/2작은술

레시피

1 **단호박소스 만들기** 단호박은 껍질과 씨를 제거하여 1cm 크기로 깍둑 썰기한 다음 전자레인지에 3분 정도 익힌 후 나머지 소스 재료를 함께 믹서에 넣고 곱게 간다. 랩을 씌워서 냉장고에 잠깐 둔다.

2 **토마토 손질하기** 토마토는 윗부분만 자른 후 숟가락으로 속을 파낸다.

3 **마, 석류, 단감, 당귀잎, 귤, 고구마줄기잎 손질하기** 재료들을 깨끗이 씻어 손질한 후 먹기 좋은 크기로 자르고, 석류는 작은 포크로 한 알 한 알 빠 놓는나.

4 **토마토볼에 재료 넣기** **3**의 재료들에 차갑게 식힌 단호박소스를 넣고 버무린 다음 **2**의 토마토에 넣는다.

당귀

효능 보혈 기능, 혈액 순환, 변비 치료, 자궁 수축 기능, 어혈 제거
이용 부위 잎, 뿌리
채취 시기 여름
식용 쌈, 겉절이, 약재, 술, 장아찌
당귀와 어울리는 약재 감초, 대추, 녹용, 천마, 황기 등
포인트 말린 당귀잎을 가루로 내어 약차로 마실 경우 근육을 풀어준다.

돌나물 닭냉채 샐러드

재료 2인분

돌나물 60g, 세발나물 20g, 헛개나무잎 20g, 민들레 40g, 닭가슴살 250g,
귤 1개, 적채 20g, 홍고추 1개, 쑥 20g, 대파 1/2대, 통마늘 2쪽, 통후추 5개

머스터드 된장소스

머스터드 3큰술, 된장 1큰술, 산야초 발효 효소 2큰술, 감식초 1작은술,
마늘 1작은술, 후추 1/2작은술, 꿀 1작은술, 다진 파슬리 약간

레시피

1 닭가슴살 삶아서 찢기 끓는 물에 대파, 통마늘, 통후추를 넣고 닭가슴
살을 삶아서 식힌 후 결대로 찢어 놓는다.

2 산야초 손질하기 준비한 산야초는 깨끗이 씻어 먹기 좋게 손질하고,
적채와 헛개나무잎은 얇게 채 썬다.

3 귤 손질하기 귤은 껍질을 벗겨 한 알 한 알 까 놓는다.

4 돌나물 닭냉채 만들기 그릇에 **1**과 **2**를 넣고 머스터드 된장소스로 맛있
게 버무린다.

5 그릇에 담기 귤을 접시에 보기 좋게 담고, 버무린 돌나물 닭냉채를 올
려낸다.

 봄~여름에 부드러운 순을 뜯어 물로 씻고 물기를 뺀 다음 생으로 초고추장에 찍
어 먹거나 김치나 무침으로 먹는다.

돌나물

효능 간염, 담낭염, 담석증, 급성 기관지염
이용 부위 새순
채취 시기 봄~가을
식용 생식, 물김치, 생즙, 차
포인트 육류와 함께 섭취하면 잘 어울리고 부족한 영양을 보충할 수 있다.

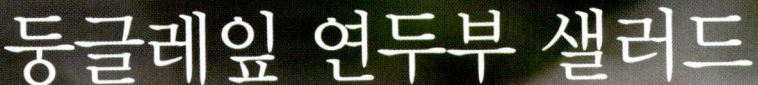

둥글레잎 연두부 샐러드

둥글레잎 40g, 연두부 200g, 까마중 30g, 괭이밥 20g, 방울토마토 80g,
돌나물 20g, 제피잎 20g, 어린새싹 20g

들깨소스
볶은 들깨 2큰술, 들기름 1큰술, 매운 고춧가루 1/2작은술, 레몬즙 1큰술,
산야초 발효 효소 2큰술, 소금 1/2작은술, 흰후추 1/2작은술, 제피잎 채 약간

레시피

1 연두부 손질하기 연두부는 체에 밭쳐 물기를 뺀 후 $3 \times 3 \times 0.4$cm로 자르거나, 몰드로 모양을 찍어 놓는다.

2 방울토마토 손질하기 방울토마토는 0.7cm 두께로 자른다.

3 산야초 손질하기 찬물에 준비한 산야초들을 깨끗이 씻은 후 물기를 빼 놓는다. 어린새싹은 살짝 씻은 후 물기를 제거해 놓는다.

4 까마중 손질하기 흐르는 물에 깨끗이 씻은 후 물기를 빼 놓는다

5 재료 모양잡기 둥글레잎을 깔고 연두부를 올린 다음 준비한 재료를 보기 좋게 올려 모양을 잡는다.

6 소스 곁들이기 5에 들깨소스를 곁들인 후 접시에 보기 좋게 올린다.

 한마디
- 검은 후추 : 성숙하기 전의 열매를 건조시킨 것이 후추 또는 검은 후추이고, 겉은 주름이 지며 흑색이다.
- 흰후추 : 성숙한 열매의 껍질을 벗겨서 건조시킨 것은 색깔이 백색이기 때문에 흰후추라 하고 검은 후추보다 향기가 강하지 않으며, 가루로 만들어 쓴다.

둥글레

효능 자양 강장, 노화 방지, 혈당 강하, 혈압 강하, 피부 미용, 혈액 순환
이용 부위 잎, 꽃, 줄기, 뿌리
채취 시기 **잎(새순)** – 봄, **뿌리** – 가을~봄
식용 나물, 장아찌, 튀김, 부침, 샐러드, 차, 죽, 약술
포인트 오미자와 함께 먹으면 좋지 않다.

두릅 또띠아 샐러드

재료 **2인분**

두릅 160g, 또띠아 4장, 닭가슴살 160g, 깻잎 20g, 당귀잎 20g, 적채 20g,
무순 20g, 홍피망 1/2개, 대파 1/2대, 통마늘 3개, 통후추 5개

발사믹 핫소스

발사믹식초 2큰술, 간장 2큰술, 오렌지주스 1큰술, 올리브오일 2큰술,
매운 고춧가루 1작은술, 산야초 발효 효소 1큰술, 참깨 2큰술, 레몬 1큰술,
머스터드 1큰술, 다진 마늘 1작은술

레시피

1 닭가슴살 삶아서 찢기 끓는 물에 대파, 통마늘, 통후추를 넣고 닭가슴
살을 삶아 식힌 후 결대로 찢어 놓는다.

2 산야초 손질하기 두릅은 끓는 물에 살짝 데치고, 산야초는 깨끗이 씻
어 적당한 크기로 채 썬다.

3 또띠아 밀기 준비된 또띠아를 펼치고 그 위에 발사믹 핫소스를 바른
다음 손질한 산야초를 넣어 돌돌 말아준다.

4 그릇에 담기 완성된 또띠아를 대각선으로 썰어서 접시에 예쁘게 담아
낸다.

두릅

효능 강장, 심장병, 당뇨병, 신경쇠약, 관절염, 정신분열증, 저혈압, 설사, 변비
이용 부위 새싹, 줄기, 뿌리, 껍질, 열매
채취 시기 **껍질, 뿌리** – 가을~겨울, **새순** – 봄, **열매** – 10월
식용 튀김, 나물, 부침, 김치, 강회, 석쇠구이
유의할 점 두릅의 뿌리를 쓸 때는 늦은 겨울부터 봄 사이에 채취해야 혈당 저하 효과가 있고,
가을에 캔 것은 효과가 거의 없다. 즉, 잎이 달린 계절에는 약효가 떨어진다. 저혈압에는 유
효하나 고혈압 환자는 먹지 않는다.
포인트 두릅은 데쳐서 말려 두면 일년 내내 이용할 수 있다.

비름 연근찜 샐러드

재료 2인분

비름 60g, 연근 300g, 제피잎 20g, 석류 1/2개, 돌나물 40g, 어린새싹 40g,
까마중 20g

제피 땅콩소스
간장 2큰술, 제피가루 1/3작은술, 땅콩가루 2큰술, 마요네즈 1큰술,
산야초 발효 효소 2큰술, 감식초 1큰술, 잔파 약간

레시피

1 **연근 손질하기** 찬물에 연근을 깨끗이 씻은 후, 껍질을 벗기고 강판이
나 믹서에 간다.

2 **산야초 손질하기** 산야초들은 찬물에 씻은 후 물기를 제거한 다음 작게
썰어 놓는다.

3 **재료 손질하기** 어린새싹과 까마중은 살짝 씻은 후 물기를 제거하고 손
으로 털듯이 골고루 섞어 놓는다.

4 **연근 찜하기** 모양틀 위에 간 연근, 다듬어 놓은 1/2 산야초, 간 연근을
순시대로 올려 찜솥에서 10‥15분 정도 찐다.

5 **그릇에 담기** 접시 위에 완성된 연근찜을 올리고, 나머지 1/2의 산야초
를 접시에 담은 후 제피 땅콩소스를 곁들인다.

비름

효능 지혈, 살균, 해독, 자궁 수축, 칼슘 보충
이용 부위 잎, 줄기, 씨, 뿌리
채취 시기 **어린순, 줄기** – 봄~늦여름
식용 나물, 즙, 장떡
유의할 점 잎 속에 들어 있는 수은은 중독의 위험성도 있다. 다만, 수은은 휘발성이 강하므로
삶아서 먹으면 그 잔류량이 현저히 떨어지게 된다.
포인트 비름에 부족한 지방산을 보충해 줄 수 있는 참기름과 함께 섭취하면 좋다.

산딸 산야초 샐러드

재료 2인분

산딸나무열매(또는 잎) 60g, 환삼덩굴잎 20g, 까마중 20g, 동굴레잎 20g,
방풍잎 20g, 홍피망 1/2개, 어린새싹 40g, 배초향 20g, 돌나물 40g, 괭이밥 20g

백초 효소 두유소스

백초 효소 3큰술(또는 매실효소), 두유 1/4컵, 레몬즙 1큰술, 올리브기름 2큰술,
소금 1작은술, 감식초 1큰술, 마늘 1작은술, 흑임자 1작은술

레시피

1 산야초 손질하기 환삼덩굴잎, 까마중, 산딸나무는 찬물에 깨끗이 씻은
후 물기를 빼 놓는다. 어린 새싹은 살짝 씻은 후 물기를 제거하고 손
으로 털듯이 골고루 섞어 놓는다.

2 산야초 손질하여 자르기 둥글레잎, 방풍잎, 홍피망은 찬물에 깨끗이 씻
은 후 5cm 크기로 먹기 좋게 자른다.

3 그릇에 담기 **1**과 **2**의 재료를 그릇에 모양 내어 담은 후 백초 효소 두
유소스를 곁들여 낸다.

 • 백초 효소 만들기 : 산과 들에서 나는 산야초 20여 종류를 흑설탕과 1:1로 섞어
항아리에서 100일 동안 숙성시켜 만든다.

산딸나무

효능 수렴, 지혈 작용, 이질

이용 부위 꽃, 잎, 열매

채취 시기 **꽃, 잎** – 6월(꽃 : 연한 황색), **열매** – 10월(적색)

식용 술, 차, 샐러드

포인트 여름에는 꽃과 잎을 따서 그늘에 말려서 쓰고, 가을에는 열매를 따서 햇볕에 말려서
쓴다.

참취나물 비빔 샐러드

참취나물 60g, 쌀 200g, 곰취 260g, 홍고추 1개, 달맞이 60g, 냉이 60g,
들기름 2큰술, 국간장 적당량, 계란 2개, 깨소금 1큰술

고추장 요거트소스
고추장 3큰술, 플레인요거트 1/3컵, 매실 발효 효소 1큰술, 산야초 발효 효소
1큰술, 감식초 1작은술, 물엿 1작은술, 다진 마늘 1작은술, 다진 생강 1/2작은술,
깨소금 1큰술, 참기름 1큰술

레시피

1 **밥짓기** 쌀은 씻어서 고슬하게 밥을 짓는다.

2 **계란 삶기** 계란은 12~15분 삶는다. 삶은 계란 노른자를 잘게 다져 놓
는다.

3 **산야초 다듬기 & 무치기** 산야초는 깨끗이 다듬어 끓는 물에 소금을 넣
고 데친 후 찬물에 헹군 다음 적당한 크기로 자른다. 각각의 나물들은
국간장, 들기름, 깨소금을 넣고 따로 무친다.

4 **그릇에 담기** 곰취를 바닥에 깔고 모양틀을 올린다. 밥, 산야초 나
물, 계란을 순서대로 올린 후 고추장 요거트소스를 올리거나 곁들여
낸다.

참취나물

효능 통증 완화, 해독, 당뇨병, 신장염
이용 부위 전초, 뿌리, 잎(어린순)
채취 시기 봄~가을
식용 들깨와 함께 먹으면 영양적으로 우수하다.
　봄에 어린잎을 채취하여 끓는 물에 살짝 데쳐서 나물로 먹거나 양념장에 무쳐 쌈으로 먹
는다.
포인트 참취나물은 전초를 말려 두었다가 겨울에 나물로 무쳐 먹거나 국에 넣어 먹는다.

민들레 양배추찜 샐러드

민들레 80g, 양배추 200g, 아주까리잎 80g, 취나물 60g, 비름나물 60g, 방풍 60g, 망초 70g, 신선초 60g, 냉이 40g, 어린새싹 40g, 홍피망 1/2개, 버터 10g

새우 케첩 고추장소스

새우액젓 1큰술, 고추장 2큰술, 고춧가루 1큰술, 케첩 4큰술, 고추기름 2큰술, 산야초 발효 효소 2큰술, 물엿 1큰술, 육수 1/2컵, 참기름 1작은술

레시피

1 양배추 손질하여 데치기 양배추는 한 잎씩 떼어 끓는 물에 데쳐서 물기를 빼고 가운데 두툼한 줄기는 저며 낸다.

2 산야초 손질하기 준비한 산야초는 깨끗이 씻어 물기를 제거한다.

3 양배추 말기 데친 양배추잎 2장을 깔고 밀가루를 뿌린 다음 아주까리잎을 깔고 민들레, 취나물, 비름나물, 망초, 신선초를 올려 양옆을 감싸 풀어지지 않게 둥글게 밀아서 끝부분은 꼬치로 고정시킨다.

4 소스 만들기 분량의 재료를 섞어 새우 케첩 고추장소스를 만든다.

5 소스에 조리기 준비한 소스에 양배추 말이를 넣고 조린다. 국물이 자작해지면 건져서 꼬치를 빼고, 적당한 크기로 자른다.

6 그릇에 담기 자른 양배추 말이와 산야초를 그릇에 담고 남은 소스를 끼얹는다.

민들레

효능 소염, 건위, 담즙 분비, 이뇨, 항균 작용

이용 부위 전초

채취 시기 가을~봄

식용 꽃은 꽃째로 따서 끓는 물에 살짝 데쳐 초무침이나 산야초 효소 무침으로 먹는다. 쌈, 생즙, 김치, 나물, 무침, 튀김

세발나물 낙지 샐러드

세발나물 40g, 낙지 200g, 방풍 40g, 무순 20, 홍고추 1개, 돌나물 40g,
냉이 40g, 제피잎 20g

연겨자 고추장소스
연겨자 2작은술, 고추장 3큰술, 산야초 발효 효소 2큰술, 레몬 1큰술, 마늘 1작은술,
흑임자 1작은술, 다진 마늘 1작은술, 감식초 1큰술, 사과즙(또는 사과주스) 1큰술,
볶은 콩가루 1큰술

레시피

1 낙지 손질하기 낙지는 끓는 물에 살짝 데쳐서 먹기 좋게 자른다.

2 산야초 손질하기 준비한 산야초는 깨끗이 씻어 먹기 좋게 손질하고,
홍고추는 얇게 채 썬다.

3 소스 만들기 분량의 재료를 섞어 연겨자고추장소스를 만든다.

4 그릇에 담기 **1**과 **2**를 연겨자 고추장소스에 버무린 후 제피잎을 깔고
보기 좋게 담아 낸다.

 항산화 물질인 베타카로틴이 풍부하여 노화 방지에 효능이 있으며, 칼슘, 칼륨,
마그네슘 등의 무기질이 풍부하여 변비에 좋다.

세발나물(갯나물)

효능 노화 방지, 변비 치료, 대장암 예방
이용 부위 전초
채취 시기 이른 봄
식용 찌개, 무침, 녹즙, 샐러드, 비빔밥, 생채, 죽

소루쟁이말이 샐러드

소루쟁이 80g, 홍고추 1개, 괭이밥 20g, 까마중 20g, 계란 2개, 우유 1/4컵,
밀가루 1/4컵, 소금 1/2작은술, 흰후추 1/2작은술, 식용유 적당량

부추 간장소스

간장 3큰술, 부추 잘게 썬것 1큰술, 산야초 발효 효소 1큰술, 감식초 1큰술,
후추 1/2작은술, 깨소금 1작은술

레시피

1 **데치기** 끓는 물에 소금을 넣고 소루쟁이를 살짝 데친 다음 찬물에 헹
  군 후 물기를 제거하고 곱게 다진다.

2 **산야초 손질하기** 괭이밥, 까마중은 손질하여 씻고, 홍고추는 곱게 다
  져 놓는다.

3 **반죽하기** 볼에 분량대로 밀가루, 계란, 우유를 넣고 거품기를 이용하
  여 곱게 풀어준 후 **1**과 홍고추를 넣고 소금, 후추로 간하여 가볍게 섞
  는다.

4 **전 부치기** 달군 팬에 식용유를 약간 두르고, 반죽을 얇게 펴서 노릇하
  게 전을 부친다.

5 **돌돌 말기** **4**의 지진 전을 따뜻할 때 김발 위에 놓고 돌돌 말아서 식으
  면 잘라준다.

6 **그릇에 담기** 돌돌 말린 단면이 보이도록 그릇에 담고, 홍초, 까마중,
  괭이밥을 올리고 부추 간장소스를 곁들인다.

소루쟁이

효능 지혈, 이뇨, 해독, 통변, 살균, 방광염
이용 부위 뿌리, 잎
채취 시기 **뿌리** – 여름～가을, **잎** – 봄
식용 쌈, 찌개, 국, 볶음, 튀김, 나물, 전
유의할 점 소루쟁이에는 초산 성분이 다량 함유되어 있어 한꺼번에 지나치게 많이 먹으면 오
  히려 소변이 안 나오거나 위장 장애를 일으켜 피부염에 걸릴 수도 있다.

방풍 샐러드

재료 2인분

방풍잎 100g, 쇠고기 160g, 마 100g, 풋마늘 40g, 돌나물 40g, 제피잎 20g,
홍피망 1/2개, 부추 40g, 밀가루 1/4컵, 잣가루 2큰술, 물 약간

고기 양념 진간장 2큰술, 산야초 발효 효소 2큰술, 후추 1/2작은술,
다진 파 1작은술, 다진 마늘 1작은술, 참기름 1/2큰술, 깨소금 1작은술

마, 홍피망 양념 소금 1작은술, 설탕 1큰술, 식초 1큰술, 물 1큰술

프렌치소스 올리브유 3큰술, 소금 1작은술, 화이트와인 2큰술, 다진 양파 1큰술,
다진 마늘 1작은술, 레몬 1큰술, 산야초 발효 효소 2큰술

레시피

1 **돌나물, 제피잎 손질하기** 찬물에 돌나물, 제피잎을 깨끗이 씻은 후 먹기 좋게 손질한다.

2 **마와 홍피망 손질하기** 마와 홍피망은 5cm 간격으로 먹기 좋게 자른 후 양념한다.

3 **방풍잎 손질하기** 깨끗이 씻어 물기를 제거한다.

4 **밀가루풀 만들기** 밀가루, 물을 냄비에 넣고 덩어리가 생기지 않도록 잘 풀어서 끓인다.

5 **고기 양념하여 굽기** 쇠고기는 고기 양념에 재운 후 굽고 쇠고기가 식으면 4~6cm로 썬다.

6 **방풍잎에 쌈싸기** 방풍잎을 깔고 쇠고기를 올린 후 나머지 손질된 재료를 가지런히 놓고 잣가루를 뿌린 다음 방풍잎으로 쌈을 싸듯 말아 부추로 묶는다. 이때 방풍잎 끝에 **4**의 풀을 묻혀 쌈이 풀어지지 않도록 한다.

7 **그릇에 담기** **6**의 쌈의 양끝을 칼로 잘라 방풍잎 속의 재료가 보이도록 하고 나머지는 접시에 가지런히 담아서 프렌치소스를 곁들여 낸다.

 방풍은 어린순을 나물로 먹으며, 가을에 토황색 띤 뿌리를 채취하여 햇볕에 말려 잘게 썰어 두었다가 흰쌀로 죽을 쑬 때 섞어 끓여 먹기도 한다.

신선초 삼겹살 샐러드

신선초 60g, 뽕나무잎 20g, 적치커리 40g, 적채 20g, 당귀 20g, 달래 20g, 어성초 40g, 삼겹살 300g, 된장 2큰술, 마늘 5쪽, 월계수잎 3잎

달래 키위 간장소스
달래 10g, 간장 3큰술, 키위즙 2큰술, 고춧가루 1큰술, 산야초 발효 효소 2큰술, 감식초 1큰술, 레몬 1큰술, 겨자 1작은술, 깨소금 1작은술

레시피

1 수육 만들기 냄비에 물을 붓고 된장, 마늘, 월계수잎을 넣은 후 끓으면 삼겹살을 넣고 중불로 삶는다. 30분 후 젓가락으로 찔러 핏물이 나지 않으면 익은 것을 확인한 후 불을 끈다.

2 삼겹살 수육 자르기 수육을 건져 내서 식힌 후 0.3cm 두께로 썬다.

3 산야초 손질하기 신선초, 뽕나무잎, 당귀, 적치커리, 어성초를 깨끗이 씻어 손질한 후 먹기 좋은 크기로 자른다.

4 꼬치 끼우기 꼬치에 삼겹살 → 신선초 → 당귀 → 적치커리 → 삼겹살 → 어성초 → 적채 → 뽕나무잎 순으로 끼운다.

5 그릇에 담기 접시에 달래 키위 간장소스를 깔고, 꼬치를 소스 위에 올린다.

신선초

효능 빈혈, 고혈압, 당뇨, 신경통, 동맥경화, 심장병, 암 예방
이용 부위 줄기, 잎, 열매
채취 시기 봄
식용 **어린순** – 나물, 볶음, 튀김, **줄기, 잎** – 녹즙, 나물, **열매** – 술
궁합이 맞는 음식 돼지고기
포인트 어린잎은 즙을 내거나 나물로 무쳐 먹거나 생식한다.

아주까리잎 도라지튀김 샐러드

재료 2인분

아주까리잎 80g, 도라지 200g, 홍피망 1/2개, 달래 20g, 세발나물 40g,
칡잎 20g, 뽕잎 20g, 신선초 40g, 튀김가루 1/2컵, 물 적당량, 소금 약간

앤초비 우유소스

앤초비(또는 까나리액젓) 1작은술, 우유 1/4 컵, 마요네즈 3큰술, 레몬 2큰술,
연겨자 1작은술, 산야초 발효 효소 2큰술

레시피

1 **재료 손질하기** 준비한 재료들은 찬물에 깨끗이 씻은 후 물기를 제거
한다.

2 **아주까리잎에 도라지 말아 튀기기** 아주까리잎 위에 튀김가루를 뿌리고
도라지를 올려 돌돌 만 후 반죽을 만들어 입혀 튀긴다.

3 **샐러드 산야초 만들기** 아주까리잎, 홍피망, 칡잎, 신선초, 뽕잎은 곱게
채 썬 후 세발나물과 보기 좋게 섞는다.

4 **그릇에 담기** 산야초 샐러드와 아주끼리잎 도라지 튀김을 정갈하게 담
은 후 앤초비 우유소스를 곁들인다.

아주까리(피마자)

효능 통변 작용, 건위 작용, 피부 미용
이용 부위 전초, 뿌리, 종자
채취 시기 **전초** – 여름, **종자** – 가을
식용 **종자** – 기름, 날것, 가루로 만들어 환제로 사용
　뿌리 – 고기와 함께 삶아 먹음, **잎** – 나물
유의할 점 아주까리는 검정콩과 함께 섭취하면 좋지 않다. 어린아이나 노인에게는 적합하지
않으며 산후, 수술 후에 생기는 변비에도 좋지 않다.

괭이밥 오이 샐러드

괭이밥 40g, 오이 1개, 홍피망 1/2개, 크리미맛살 100g, 꿀꽃 40g,
무순 20g, 배 1개

배합초 식초 2큰술, 설탕 2큰술, 소금 1작은술, 물 4큰술

씨겨자 백초 효소소스 백초 발효 효소 4큰술, 씨겨자 1큰술, 다진 홍피망 2큰술,
소금 1/2작은술, 감식초 1큰술, 레몬 1큰술, 마늘 1작은술, 흰후추 약간

레시피

1 **오이 손질하기** 오이는 껍질의 돌기 부분을 칼로 제거하고 깨끗이 씻은
후 필러를 이용해 껍질 부분을 얇게 포를 뜨듯 자른다(씨가 있는 부분
은 제외).

2 **오이 절이기** 볼에 배합초를 담아 포를 뜬 오이를 넣고 5분간 절인 후
물기를 제거한다.

3 **재료 손질하기** 홍피망, 크리미맛살, 배는 0.7cm 두께로 자르고, 괭이
밥과 꿀꽃은 씻어 물기를 제거한다.

4 **롤 말기** 오이 위에 **3**의 재료를 올리고 돌돌 말아 롤을 만든다.

5 **그릇에 담기** 오이롤을 접시에 담고 준비한 씨겨자 백초 효소소스를 넉
넉하게 뿌려준다.

괭이밥

효능 1. 피부염 – 생것의 전초를 따내어 줄기, 잎을 짜낸 즙을 골고루 바른다.
　　　2. 이뇨 작용
　　　3. 민간요법 – 식욕 촉진제, 토혈, 구충제, 월경주기 조절제

이용 부위 잎, 열매

채취 시기 7~8월

식용 **잎** – 비빔밥, 생식, 샐러드

포인트 괭이밥은 시큼한 맛이 나며, 어린잎은 다른 푸성귀와 섞어 비빔밥 재료로 활용하면
오묘한 맛을 즐길 수 있다. 옥살산 등의 산 성분이 다량으로 함유되어 있어 새콤한 샐러드
로 그만이다.

제피잎 오리훈제 샐러드

제피잎 30g, 오리훈제 260g, 괭이밥 20g, 달래 20g, 곰취 40g, 방풍 50g,
돌나물 40g

칠리 핫들깨소스
칠리핫소스 4큰술, 고춧가루 1작은술, 볶은 들깨가루 1큰술, 마늘 1작은술,
소금 1/2작은술, 후추 1/2작은술, 레몬 1큰술, 산야초 발효 효소 2큰술

레시피

1 **산야초 손질하기** 산야초는 찬물에 깨끗이 씻은 후 물기를 제거한다.

2 **오리훈제 익히기** 달군 팬에 오리훈제를 살짝 익힌다.

3 **소스 만들기** 분량의 재료를 섞어 칠리핫들깨소스를 만든다.

4 **그릇에 담기** 접시 가운데에 오리훈제를 보기 좋게 담고 주변에 손질한
   제피잎과 산야초를 올린 다음 칠리 핫들깨소스를 뿌린다.

 제피잎은 눈의 피로를 개선하는 작용뿐만 아니라 강장 작용과 해독 작용이 있다.

제피잎

효능 식욕 증진, 건위, 이뇨, 지사, 시력, 눈피로 개선
이용 부위 열매, 과피, 잎
채취 시기 **잎(새순)** – 봄, **열매(익기 전)** – 가을, **종자(익은 후)** – 가을
식용 기름, 튀김, 전, 된장국, 장아찌, 간장, 과실주, 미꾸라지탕
포인트 민물 생선인 미꾸라지는 흙냄새, 비린내가 많아 요리한 후에도 냄새가 없어지지 않는
   데 제피(또는 산초)를 사용하면 그 냄새를 없앨 수 있다.

질경이 쌈밥 샐러드

질경이 100g, 흑임자밥 300g, 매실 장아찌 80g, 달래 40g, 어린새싹 40g

배합초

레몬 2큰술, 산야초 발효 효소 3큰술, 소금 1작은술

청량고추 초밥소스

청량고추 발효 효소 2큰술, 간장 3큰술, 연겨자 1작은술, 감식초 1큰술, 레몬 1큰술,
배초향 다진것 1큰술

레시피

1 **어린 새싹, 산야초 손질하기** 어린 새싹과 산야초는 살짝 씻은 후 물기를
   제거해 놓는다.

2 **질경이 손질하여 데치기** 질경이는 손질한 후 끓는 물에 데치고 찬물에
   헹궈 물기를 제거해 놓는다.

3 **흑임자밥 배합초 섞기** 흑임자밥에 분량의 배합초를 섞어 10분 정도
   둔다.

4 **질경이 쌈밥 만들기** 질경이를 한 장씩 뜯어 바닥에 깔고 흑임자밥을 둥
   글게 모양을 만들어 올린다.

5 **매실 상아찌 올리기** 4의 위에 매실 장아찌를 올린다.

6 **그릇에 담기** 5에 달래와 어린새싹을 조금씩 올린 후 그릇에 보기 좋게
   담고, 청량고추 초밥소스를 곁들여 낸다.

 한마디 설사, 변비, 구토 시에는 생즙을 내어 마신다.

질경이

효능 이뇨, 완화, 진해, 해독 작용, 전립샘 비대증

이용 부위 전초

채취 시기 **뿌리** – 가을, **잎** – 봄

식용 나물, 튀김, 쌈, 김치

어울리는 음식 들깨가루와 함께 먹으면 영양적으로 우수한 봄나물이 된다.

포인트 뿌리는 달여서 마시면 숙취와 알코올 중독에 좋다.

청미래덩굴 연어 샐러드

청미래덩굴 60g, 훈제연어 240g, 소국(식용꽃) 40g, 적채 20g,
돌나물 40g, 달래 40g, 귤 1개, 어린 새싹 40g, 홍고추 1개

배합초
설탕 2큰술, 소금 1/2작은술, 물 1/4컵, 레몬 1작은술

핫크림소스
매운 고춧가루 1/2작은술, 생크림 4큰술, 산야초 발효 효소 1큰술, 마늘 1작은술,
소금 1/2작은술, 겨자 1/2작은술, 후추 약간

레시피

1 **산야초 손질하기** 준비한 산야초는 깨끗이 씻어 물기를 제거한다. 적채
  는 먹기 좋게 채 썬다.

2 **소국 손질하기** 흐르는 물에 거꾸로 세워 꽃잎이 다치지 않게 조심해서
  씻는다.

3 **청미래덩굴 담그기** 청미래덩굴을 분량의 배합초에 담가 놓는다.

4 **훈제연어 말기** 훈제연어를 깔고 청미래덩굴잎을 올린 후, 나머지 재료
  를 올려 돌돌 만다.

5 **그릇에 담기** 접시에 돌돌만 연어를 담고, 핫크림소스를 곁들여 낸다.

 요리와 산야초 재료가 맞지 않을 경우 제철에 나는 산야초로 대신하여 사용하면
더 좋다.

청미래덩굴

효능 임질, 매독, 수은 중독, 위암, 폐암, 직장암, 백혈병, 간경화, 간염, 부종, 식도암, 종기, 악
창, 이뇨, 해독

이용 부위 뿌리, 줄기, 잎

식용 나물, 차, 튀김, 장아찌, 샐러드

채취 시기 **뿌리** – 가을~이른 봄, **잎** – 봄~여름

유의할 점 이뇨 작용이 있어 간, 신장이 허약한 사람은 조심해서 사용한다.

칡잎 메밀국수 샐러드

칡잎 40g, 메밀국수 200g, 무순 40g, 신선초 40g, 적치커리 40g, 당귀잎 40g,
적채 20g, 계란 2개, 깻잎 20g, 세발나물 40g

메밀국수 육수

산야초 발효 효소 2큰술, 설탕 1작은술, 통깨 1작은술, 간장 2큰술,
식초 1작은술, 유자청 1작은술, 연겨자 1작은술, 배즙 2큰술, 사이다 1/4컵,
무즙 2큰술, 가쓰오부시 육수 4컵

가쓰오부시 육수

다시멸치 20g, 다시마 1장, 무 20g, 대파 1대, 가쓰오부시 약간

레시피

1 산야초 손질하기 칡잎, 신선초, 적치커리, 당귀잎, 적채, 깻잎은 곱게
채 썰고, 세발나물은 5cm 길이로 자른다. 무순 등은 찬물에 깨끗이
씻어 다시 찬물에 담가 놓는다.

2 가쓰오부시 육수 끓이기 찬물에 가쓰오부시 육수 재료를 넣고 끓여 식
힌다.

3 계란 삶기 계란은 15분 정도 삶아 껍질을 벗겨 놓는다.

4 메밀국수 삶기 끓는 물에 메밀국수를 넣어 끓어 오르면 찬물을 한 국
자씩 넣어 가며 삶는다. 삶은 면은 찬물에 비벼가며 전분기를 제거한
후 건진다.

5 그릇에 담기 그릇에 삶은 면과 물기를 제거한 산야초를 보기 좋게 담
고 메밀국수 육수를 붓는다. 삶은 계란은 보기 좋게 자른 뒤 고명으로
위에 얹는다.

칡

효능 해열, 항균, 소염, 건강 증진, 숙취 해소, 협심증, 당뇨병, 고혈압
이용 부위 꽃, 줄기, 뿌리
채취 시기 꽃 – 여름, **뿌리** – 여름~가을
식용 봄~여름에 부드러운 잎과 순을 따서 쌈, 튀김, 나물밥, 장아찌로 먹는다.
유의할 점 몸이 냉한 사람은 피한다.
포인트 계란과 함께 먹으면 칡의 부족한 단백질, 무기질을 보충한다. 살구씨와 함께 섭취하
는 것은 좋지 않다.

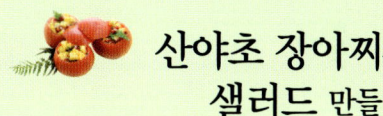

산야초 장아찌와
샐러드 만들기

2012년 6월 20일 1판 1쇄
2016년 1월 20일 2판 2쇄

저자 : 이영순 · 성광열 · 김미님
펴낸이 : 남상호

펴낸곳 : 도서출판 예신
www.yesin.co.kr

140-896 서울시 용산구 효창원로 64길 6
대표전화 : 704-4233, 팩스 : 335-1986
등록번호 : 제3-01365호(2002.4.18)

값 15,000원

ISBN : 978-89-5649-107-3